edutrainment

Albrecht Kresse
Jannis Herzog

LIVE GOES ONLINE

Meetings, Präsentationen, Seminare
online erfolgreich durchführen

Inhaltsverzeichnis

6 **EINLEITUNG** *Live ist live, auch online*

10 **1. SELBSTCHECK** *Wie steht's um Ihre digitale Fitness?*

12 *Digitale Kompetenz richtig einschätzen – bei sich selbst und anderen*

18 **2. TOOLS, TOOLS, TOOLS:** *Es lebe die Vielfalt*

20 *Eine Auswahl der besten Tools für Live-Online-Kommunikation*

26 **3. EIGENER VISUELLER AUFTRITT:** *Richtig gut rüberkommen*

28 *Auch online überzeugend wirken*

40 **4. LIVE ONLINE MEETEN:** *Komplexer als gedacht*

44 *Die drei Herausforderungen im Live-Online-Meeting*

48 *In diesen fünf Phasen läuft das Meeting ab*

72 *SOS! Notfälle in Live-Online-Meetings und wie man sie löst*

80 **5. ONLINE PRÄSENTIEREN:** *Intensiver geht's kaum*

82 *Die drei Herausforderungen der Live-Online-Präsentation*

84 *In diesen fünf Phasen läuft die Präsentation ab*

108 *SOS! Notfälle in Live-Online-Präsentationen und wie man sie löst*

114 **6. WEBINARE MACHEN:** *Formatmäßig ein Zwischending*

116 *Die drei Herausforderungen von Webinaren*

118 *In diesen fünf Phasen läuft das Webinar ab*

122 7. LIVE ONLINE TRAINIEREN: *Interaktion ist alles*

124 *Die drei Herausforderungen des Live-Online-Trainings*

126 *In diesen fünf Phasen läuft das Training ab*

152 *SOS! Notfälle in Live-Online-Trainings und wie man sie löst*

160 8. LIVE ONLINE KONFERIEREN: *Realistisch bis ins Detail*

162 *Die Besonderheiten von Live-Online-Konferenzen*

164 *So läuft die Konferenz ab*

180 *Tipps und Tricks für erfolgreiche Konferenzen*

188 9. BERUFSBILDER IM WANDEL: *Digital verkaufen, führen, trainieren*

190 *Live-Online-Kommunikation verändert, wie wir arbeiten*

191 *Digital Sales – die Zukunft des Verkaufens*

200 *Digital Leadership – besser führen in bewegten Zeiten*

209 *Digitales Lernen – die Trainingsbranche im Umbruch*

216 AUSBLICK: *Live wird noch virtueller*

218 *Jeder Fortschritt braucht seine Zeit*

222 *Epilog*

226 *Impressum*

UNSER BLOG RUND UMS TECHNISCHE

Wir halten Sie auf dem Laufenden, was sich bei Tools und Technik tut. Aktuelle Infos über neue Funktionen, Updates und mehr – alles leicht verständlich erklärt.

live-goes-online.de

Live ist live, auch online

Lasst uns da mal ein Meeting machen. Das bedeutete früher (sprich: vor Corona), sich live vor Ort zu treffen. Heute finden die meisten Meetings zwar immer noch live statt, wir treffen uns aber online, im digitalen Raum. Ob live vor Ort oder live online – präsent ist beides. Wir tun uns nur bei den Begriffen für die virtuelle Variante noch etwas schwer. Digitales Präsenz-Meeting, Live-Online-Meeting, Digital Meetup, Live Video Conference – absolut eindeutig und trennscharf ist keine dieser Bezeichnungen. Fest steht nur, dass live online deutlich mehr gehen muss. Und tatsächlich hat sich unsere Kommunikationsweise in Beruf und Alltag bereits massiv gewandelt. Den pseudoprophetischen Spruch, dass nach Corona alles anders sein wird, ersparen wir Ihnen an dieser Stelle gerne.

Vor Corona – nach Corona

Wenn wir überlegen, wie oft wir für einen Kennenlerntermin durch die halbe Republik gereist sind, ob mit Auto, Flugzeug oder Bahn, dann erscheint uns das im Nachhinein fast absurd. Aktuell würden wir niemals auf diese Idee kommen und unsere Kunden wohl auch nicht. Da geht es Ihnen wahrscheinlich ähnlich.

Es gibt viele gute Gründe, ein Präsenz-Meeting (also faktisch das gute alte Meeting der Vor-Corona-Zeit) nur dann durchzuführen, wenn es wirklich unausweichlich ist. Und stattdessen auf Live-Online-Meetings (so lautet unser Namensvorschlag für Präsenz-Meetings im digitalen Raum) zu setzen. Letzteres ist nicht nur hygienischer, sondern spart auch viel Zeit, Geld und CO_2. Sales-Prozesse lassen sich im B2B-Umfeld quasi komplett online und digital darstellen. Auch im B2C-Vertrieb

Setzen Sie auf Live-Online-Meetings

sind virtuelle Treffen auf dem Vormarsch. Ärzte bieten Online-Sprechstunden als dauerhaftes Format an, und das ganze Land hat sich an Meetings über Zoom, Teams, Skype, WhatsApp & Co. längst gewöhnt.

Nicht jedes dieser Online-Treffen ist automatisch effizient und macht Spaß. Defekte Headsets, Teilnehmende, die ihr Mikrofon offen lassen, nervige Hintergrundgeräusche, lahme Internetverbindungen, fehlende Erfahrung mit den Tools, all das macht Live-Online-Meetings zu einer Herausforderung.

Trotzdem haben die Live-Online-Meetings in den letzten Monaten deutlich an Qualität gewonnen. Längst ist die nächste Evolutionsphase eingeläutet. Virtuelle Hintergründe machen das Meeting unterhaltsamer, zum Beispiel wenn hinter der jeweiligen Person ein schönes Urlaubsbild zu sehen ist. Ein unternehmensspezifischer virtueller Hintergrund sorgt wiederum für einen besonders professionellen Auftritt. Der Wechsel zwischen verschiedenen Kameras, der Einsatz von virtuellen Whiteboards oder speziellen **Nutzen Sie Ihre Möglichkeiten** Softwarelösungen, die Präsentationen wie auf großer Bühne erlauben, können einem Live-Online-Meeting eine Qualität und Professionalität verleihen, die Präsenz-Meetings allzu oft abgeht.

Wie lege ich einen professionellen virtuellen Auftritt hin? Wie meistere ich die verschiedenen Meeting-Situationen, die mein Job mit sich bringt? Diese Fragen sind kritische Erfolgsfaktoren geworden. Sie entscheiden nicht nur über Ihren eigenen Erfolg im Beruf, sondern auch über den des gesamten Unternehmens. Es ist daher absolut sinnvoll, sich auf den eigenen Auftritt in virtuellen Gesprächen, Meetings, Präsentationen, Seminaren und Trainings genauso gut vorzubereiten, wie Sie das zuvor für die „realen" Varianten dieser Formate getan haben.

Genau um diese optimale Vorbereitung geht es in diesem Buch. Die edutrainment company hat schon vor Corona sehr viele Live-Online-Meetings durchgeführt. Für unsere ersten Webinare setzten wir 2007 die Softwarelösung eines israelischen Startups ein. Damals scheiterten wir öfter an den zu strikten IT-Richtlinien mancher Großunternehmen, ähnlich wie heute, wenn wir ein bestimmtes Tool nutzen wollen, die IT des Kunden aber nur ein anderes Tool erlaubt. In den vergangenen Monaten haben wir eine steile Lernkurve hingelegt und ein Setup für die Durchführung von Webtalks, Webinaren, Trainings, Workshops oder Sales-Präsentationen geschaffen, von dem wir immer geträumt hatten.

Apropos Wunschtraum: Anfang 2020 unterhielten wir uns mit Gernot Kühn, einem geschätzten Kollegen, über das richtige Setup für Webinare und Live-Online-Meetings. Gernot riet uns damals, wir sollten uns lieber an 14-jährigen YouTube-Stars und Instagram-Profis orientieren, als die Lösung in professionellen Ratgebern zur Durchführung klassischer Webinare zu suchen. Recht hatte er. Unser technisches Setup enthält einige Komponenten, die eigentlich für Gamer und künftige Social-Media-Stars im Teenager-Alter gedacht sind, die sich auf YouTube tummeln.

Inzwischen beraten wir nicht nur Trainerinnen, Trainer und Akademien, sondern auch Unternehmen beim Aufbau eines professionellen Setups für die Durchführung aller denkbaren Online-Formate. Wir haben Live-Online-Konferenzen mit mehreren hundert Teilnehmenden und über einhundert Live-Online-Trainings durchgeführt und können zu Recht behaupten, dass wir in diesem Gebiet mittlerweile echte Profis und Spezialisten geworden sind. Wir haben uns in Tools eingearbeitet, die wie eine neue asiatische Kampfsportart klingen (Jitsi). Wir haben gelernt, zwischen unterschiedlichen Online-Formaten sauber zu differenzieren (Webtalk, Webinar, Live-Online-Training, echter Live-Online-Workshop, Online-Kongresse etc.). Und wir haben gelernt, uns in unseren Live-Online-Trainings optimal auf den digitalen Reifegrad der jeweiligen Unternehmen, der Mitarbeitenden und der Teilnehmenden einzustellen.

Unsere gesammelten Erfahrungen mit den unterschiedlichen Live-Online-Formaten stecken in diesem Buch. Auf diese Inhalte dürfen Sie gespannt sein:

Wir starten mit einer Bestandsaufnahme. Wie steht es um den *Darauf dürfen Sie* digitalen Reifegrad? Bei Ihnen persönlich, Ihrem Unternehmen *sich freuen* oder Ihren Kunden? Danach stellen wir Ihnen die unterschiedlichen technischen Setups vor und geben einen kurzen Überblick über die gängigen Tools und ihre Anwendung.

Mit vielen Beispielen, Tipps und Tricks zeigen wir Ihnen dann, wie Sie die verschiedenen Formate meistern. Wie führen Sie Videokonferenzen mit einem Gesprächspartner oder einem ganzen Team durch? Was macht eine gute Live-Online-Präsentation aus? Wie veranstalten Sie Webinare und Live-Online-Trainings bis hin zu kompletten Live-Online-Kongressen und -Konferenzen?

Schließlich geht es darum, wie sich typische Berufsbilder durch die neuen Notwendigkeiten und Möglichkeiten der virtuellen Zusammenarbeit wandeln. Wie ändert sich das Berufsbild für Verkäuferinnen und Verkäufer? Was wird von Führungskräften bei der komplett virtuellen Führung ihrer Teams verlangt?

Dieses Buch erhebt keinen Anspruch, alle Themen in ihrer kompletten Breite abzudecken. Dann könnten Sie es heute nicht in Händen halten, denn wir wären immer noch mit dem Schreiben beschäftigt, so circa bis zur nächsten Pandemie. Wir stecken mittendrin in einem gigantischen agilen Lernprojekt unserer Gesellschaft zum Thema virtuelles Lernen, Arbeiten und nicht zuletzt Leben.

Wir wünschen Ihnen viel Spaß, Inspiration und Erfolg beim Gestalten Ihrer Live- und Online-Begegnungen.

Albrecht Kresse und Jannis Herzog,
Oktober 2020

SELBSTCHECK:

Wie steht's um Ihre

DIGITALE FITNESS?

DIGITALE KOMPETENZ RICHTIG EINSCHÄTZEN – BEI SICH SELBST UND ANDEREN

Mal Hand aufs Herz: Wie fit sind Sie in Sachen digitale Kompetenz? Und wie sieht es mit Ihren Kolleginnen und Kollegen aus? Ihrem Unternehmen insgesamt? Wenn Sie vorhaben, Ihre Live-Online-Kommunikation grundlegend zu verbessern, sind dies ganz entscheidende Punkte. Die große Frage dahinter lautet: Von wo starten wir unsere Reise?

Neue Skills sind gefordert Digitale Kommunikation ist eine neue Kompetenz. Sie erweitert das Thema Kommunikation, neue Skills sind gefordert. Dabei geht es um die jeweilige Einstellung, das Wissen und die Bedeutung sowie Mechanismen der digitalen Kommunikation und natürlich der jeweiligen Tools. Nicht zuletzt dreht es sich um die Anwendung, die Skills in der täglichen Praxis.

Wie viel Prozent eines Tools nutze ich wirklich aktiv? Bin ich in der Lage, souverän mit den Anforderungen der Digitalisierung und der digitalen Kommunikation umzugehen? Oder sinkt durch einen Live-Online-Termin meine kommunikative Kompetenz? Mancher Vertriebsprofi stellt aktuell fest, dass er online deutlich weniger kompetent rüberkommt als im persönlichen Meeting vor Ort. Online wie real genauso kompetent aufzutreten, ist das Ziel.

Diese Anforderung gilt für uns alle, ganz egal, ob wir Mitarbeitende sind oder Führungskräfte. Bei unseren Beziehungen sowohl innerhalb als auch außerhalb des Unternehmens spielt die Einschätzung des digitalen Reifegrads bzw. der digitalen Kompetenz unserer Kommunikationspartnerinnen und -partner eine wichtige Rolle. Genauer gesagt: nicht nur die Einschätzung, sondern auch die tatsächliche Kompetenz.

TRIAL & ERROR IST GUT, TRAINING IST BESSER

Ein Beispiel: Viele Unternehmen setzen seit Jahren Microsoft 365 ein. Dieses Softwarepaket beinhaltet unter anderem das populäre Virtual-Meeting-Tool Teams. Doch die Mitarbeitenden sind nicht wirklich gut geschult oder gar trainiert worden. Das Ganze wurde eher als IT-Projekt gesehen und dann in der Corona-Zeit einfach komplett ohne Unterstützung ausgerollt. Das hat erstaunlich gut funktioniert und war wahrscheinlich das beste Software-Trainingsprogramm durch Trial & Error, das es je

gegeben hat. Trotzdem fehlt es immer noch an professioneller Unterstützung bei der Nutzung von Teams. Viele kennen die Standardfunktionen, wissen aber nicht, welche zusätzlichen Applikationen im eigenen Unternehmen überhaupt verwendet werden können oder wie man es wirklich kollaborativ einsetzt, externe Partner mit einbezieht, dafür eigene Unterteams anlegt etc.

Voraussetzung für den optimalen Einsatz jedes digitalen Tools ist: Alle beherrschen es. Ansonsten bestimmt wie immer das schwächste Glied im Projektteam, welche Tools wirklich gut genutzt werden können.

Das schwächste Glied im Projektteam bestimmt die Tools

Eine gründliche Bestandsaufnahme steht am Anfang, wann immer wir in der edutrainment company ein Lernprojekt designen. Das heißt: Rahmenbedingungen klären, Zielgruppe definieren etc. Genau das haben wir auch für das Thema digitale Fitness und Live-Online-Kommunikation gemacht.

Wir haben uns überlegt, wie sich unterschiedliche digitale Reifegrade und damit digitale Kommunikationsgewohnheiten und Kompetenzen bestimmen lassen. Das Ergebnis ist eine Liste mit 18 Fragen, die eine Selbsteinordnung in drei Reifegradstufen erlaubt: Einsteigerin bzw. Einsteiger, Profi und Expertin bzw. Experte.

Wenn wir in den folgenden Kapiteln empfehlen, sich auf die jeweilige Situation vorzubereiten, gehört immer auch die Einschätzung des digitalen Reifegrads Ihres Gegenübers dazu. Hierfür können Sie auf unsere Einteilung in drei Reifegradstufen zurückgreifen.

18 FRAGEN,

UM IHREN DIGITALEN REIFEGRAD ZU BESTIMMEN

#1 Habe ich schon einmal Termineinladungen zu Live-Online-Meetings verschickt? ◯ *Ja* ◯ *Nein*

#2 Habe ich vor einem Live-Online-Meeting schon einmal die Termineinstellungen des Meetings verändert (zum Beispiel Rollenfestlegung oder Warteraum)? ◯ *Ja* ◯ *Nein*

#3 Sind Drittanbietertools wie Chromacam oder Manycam feste Bestandteile meines Online-Auftritts? ◯ *Ja* ◯ *Nein*

#4 Überprüfe ich, bevor ein Termin stattfindet, wer zu- oder abgesagt hat? ◯ *Ja* ◯ *Nein*

#5 Habe ich schon mehrmals an Live-Online-Events mit Breakout-Sessions teilgenommen? ◯ *Ja* ◯ *Nein*

#6 Habe ich schon einmal die Whiteboard-Funktion meines Virtual-Meeting-Tools eingesetzt? ◯ *Ja* ◯ *Nein*

#7 Habe ich schon einmal den Chat während eines Live-Online-Meetings genutzt? ◯ *Ja* ◯ *Nein*

#8 Verwende ich in meinem Arbeitsalltag mindestens zwei Virtual-Meeting-Tools regelmäßig? ◯ *Ja* ◯ *Nein*

#9 Nutze ich in PowerPoint-Präsentationen regelmäßig die Laserpointer- oder Bildschirmlupen-Funktion? ◯ *Ja* ◯ *Nein*

#10 Habe ich mich schon einmal während eines Live-Online-Meetings zeitgleich mit dem Smartphone eingewählt, weil mein Mikrofon oder meine Kamera nicht funktioniert hat? ◯ *Ja* ◯ *Nein*

#11 Habe ich für ein von mir durchgeführtes Live-Online-Meeting schon einmal Umfragen mittels meines Virtual-Meeting-Tools oder eines Drittanbietertools eingebunden. ◯ *Ja* ◯ *Nein*

#12 > Habe ich während meiner Live-Online-Meetings schon einmal die Funktion „Virtueller Hintergrund" genutzt? ◯ *Ja* ◯ *Nein*

#13 > Habe ich gemeinsam mit Kolleginnen und Kollegen schon kollaborativ an einem Dokument gearbeitet (per OneDrive, GoogleDocs etc.)? ◯ *Ja* ◯ *Nein*

#14 > Habe ich schon einmal online etwas präsentiert? ◯ *Ja* ◯ *Nein*

#15 > Habe ich, um eine Funktion meines Virtual-Meeting-Tools besser zu verstehen, in internen oder externen Kanälen nach Erklärvideos oder -texten gesucht? ◯ *Ja* ◯ *Nein*

#16 > Habe ich mein technisches Set-Up am Arbeitsplatz oder im Homeoffice eigenständig angepasst und verbessert, um optimal und professionell an Live-Online-Meetings teilnehmen zu können? ◯ *Ja* ◯ *Nein*

#17 > Habe ich schon einmal die Bildschirm-teilen-Funktion genutzt, um eine Präsentation, eine Website oder ein Dokument zu zeigen? ◯ *Ja* ◯ *Nein*

#18 > Habe ich für meine Kolleginnen und Kollegen schon einmal einen Screencast aufgenommen, um einen bestimmten Klick-Weg oder Ähnliches zu erklären? ◯ *Ja* ◯ *Nein*

So gehen Sie vor:

- Beantworten Sie alle Fragen.
- Zählen Sie anschließend, wie viele Fragen Sie mit „Ja" beantwortet haben.
- Für jedes „Ja" erhalten Sie einen Punkt.
- Bestimmen Sie Ihren Reifegrad anhand der unten stehenden Einteilung.

   1 bis 6 Punkte = Einsteigerin/Einsteiger
  7 bis 12 Punkte = Profi
13 bis 18 Punkte = Expertin/Experte

EINSTEIGERIN/EINSTEIGER

Die Welt der Live-Online-Meetings und -Konferenzen ist für Sie noch Neuland. In Ihrem aktuellen Virtual-Meeting-Tool beherrschen Sie alle Funktionen, die Sie benötigen, um an Live-Online-Meetings teilzunehmen. Neue Funktionen oder andere Virtual-Meeting-Tools versuchen Sie nach Möglichkeit zu vermeiden.

Das empfehlen wir Ihnen:

- Lernen Sie mit der Zeit immer mehr Funktionen Ihres Virtual-Meeting-Tools kennen, indem Sie auf YouTube oder der Hilfe-Seite Ihres Tool-Anbieters nach den passenden Erklärvideos und -texten suchen.
- Trauen Sie sich! Fragen Sie erfahrene Kolleginnen und Kollegen um Rat. Auch technische Fragen lassen sich immer noch am besten zwischenmenschlich klären.
- Erstellen Sie für sich passende Hilfsdokumente, um die Funktionsweisen Ihres Tools jederzeit parat zu haben. Das können kommentierte Bildschirmfotos, ein Audiofile oder ein simples Textdokument sein.

Albrecht-
BOX

HEY, ALTER – WAS GEHT NOCH?

Auch das Alter bestimmt, inwiefern wir uns auf neue Technologien einstellen können. Ich habe mir einmal von einem Wirtschaftsphilosophen erklären lassen, dass alles Technische, das bis zu unserem 14. Lebensjahr in unser Leben getreten ist, für uns so normal ist wie Sonne und Regen. Deshalb sprechen wir beispielsweise bei der Generation Z von Smart Natives, weil sie mit dem Smartphone aufgewachsen sind. Jannis ist gerade noch ein Smart Native. Ich bin es mit Jahrgang 1968 definitiv nicht. Als Digital Immigrant, der sich für innovativ hält und für Technik interessiert, muss ich mir eingestehen, dass mich viele neue Tools überfordern. Deshalb habe ich mir selbst ein Trainingsprogramm verordnet. *Wie dieses Programm aussieht?* Überprüfen Sie Ihre Einstellung zu neuen Technologien und neuen Tools. Falls Sie sich öfter dabei ertappen, dass sie Innovationen für unnötigen Schnickschnack halten, sollten Sie gegensteuern und sich bewusst mehr mit neuen Technologien beschäftigen. Ich zwinge mich, neue Tools auszuprobieren und wieder mehr selbst zu machen. Als Geschäftsführer unserer Agentur habe ich in den letzten Jahren viel delegiert und mir manche digitale Sonderlocke erlaubt. Das ist jetzt vorbei. Ich tüftle mit meinem Mischpult herum, google nach Einstellungen für verschiedene Kameratools und beschäftige mich wieder mit den Grundfunktionen von PowerPoint. Digitale Anschlussfähigkeit ist für die Generation 50+ die entscheidende Kompetenz für den Erhalt der Karrierechancen geworden.

PROFI

Die letzten Wochen und Monate waren für Sie ein digitales Fitnessstudio. Sie haben täglich den Umgang mit Ihrem Virtual-Meeting-Tool trainiert, das Whiteboard genutzt und schon Erfahrungen in einem zweiten Virtual-Meeting-Tool gesammelt. Bei Kolleginnen und Kollegen sowie im Netz entdecken Sie regelmäßig coole und neue Wege, um zum Beispiel online zu präsentieren. Wie genau die Cracks das machen, verstehen Sie zwar noch nicht, Sie scheuen sich aber nicht, sie zu fragen.

Das empfehlen wir Ihnen:

- Besuchen Sie interne und auch externe Live-Online-Formate, um neue Techniken und Experten kennenzulernen und Ihren digitalen Horizont zu erweitern.
- Probieren Sie Neues aus. Nutzen Sie Live-Online-Meetings, um die neue Art zu präsentieren, die Sie neulich bei dieser tollen Live-Online-Konferenz gesehen haben, selbst auszuprobieren.
- Abonnieren Sie die Newsletter von Tool-Anbietern oder Fachzeitschriften, um ganz nebenbei durch Expertenmeinungen auf dem Laufenden zu bleiben.

EXPERTIN/EXPERTE

Sie sind ein digitaler Vollprofi. Auch die letzten technischen Hürden sind für Sie nur so lange existent, wie Sie noch nicht das passende Experten-Tutorial oder Tekkie-Hilfeforum gefunden haben. Nicht die Technik beherrscht Sie und Ihr Leben, sondern Sie beherrschen die Technik und passen sie so für sich an, dass Ihr Online-Auftritt zu jeder Zeit professionell wirkt, selbst wenn Sie sich mal über Ihr Smartphone einwählen müssen.

Das empfehlen wir Ihnen:

- Teilen Sie Ihr Wissen mit Ihren Kolleginnen und Kollegen. Nehmen Sie zum Beispiel Screencasts davon auf, wie Sie Ihre Tipps und Tricks erklären.
- Vernetzen Sie sich mit anderen Expertinnen und Experten – ob intern oder extern. Der Austausch mit technischen Seelenverwandten wird für Sie vermutlich den höchsten Erkenntnisgewinn bringen.
- Die Königsklasse: Bieten Sie selbst kleine Trainings an, um Ihre Kolleginnen und Kollegen auf ein neues digitales Level zu heben. Davon profitieren nicht nur Ihre Teilnehmenden, sondern auch Sie selbst, weil Sie sich jedes Mal aufs Neue herausfordern.

TOOLS, TOOLS, TOOLS:

Es lebe

2
die Vielfalt

EINE AUSWAHL DER BESTEN TOOLS FÜR LIVE-ONLINE-KOMMUNIKATION

Tools kommen und gehen. Als wir im Jahr 2007 das erste Webinar durchführten, nutzten wir dafür wie bereits erwähnt ein Software-Tool eines israelischen Unternehmens. Damals hatten wir uns gerade in Sachen Marketing beraten lassen und waren auf diese Software gestoßen. Für die damalige Zeit war das ein erstaunlich innovatives Tool: ein komplettes Baukastensystem, mit dem man Landingpages erstellen konnte, um dann Webinare durchzuführen.

Tools kommen und gehen Die Euphorie hielt nicht lange an. Relativ schnell zogen wir auf ein anderes Tool um, nämlich Vitero, ein Spin-off der Fraunhofer-Gesellschaft. Visuell war es deutlich ansprechender als die meisten anderen Tools und ihnen auch bei Nutzererlebnis und Bedienung überlegen. Die Teilnehmenden hatten Avatare und waren um einen virtuellen Besprechungstisch angeordnet.

Schließlich stiegen wir auf Adobe Connect um. Das war zwar nicht sexy, lief aber stabil. Es sei denn, die Unternehmens-IT unserer Kunden ließ kein Flash zu. Beim ersten Webinar in Corona-Zeiten brach das Tool zusammen. Wir switchten schnell auf die HTML5-Variante um, aber fünf Minuten vor dem Start mit 200 Teilnehmenden mussten wir die ganze Sache leider abbrechen. Über Nacht zogen wir um auf Zoom. Das hat bis heute gut funktioniert.

Im Nachhinein sind die Macher von Zoom wahrscheinlich dankbar, dass es im März große Debatten um mögliche Sicherheitslücken gegeben hat. Denn so war das Unternehmen gezwungen, das Thema Sicherheit ernst zu nehmen und sofort zu handeln.

Zoom hat inzwischen, so bestätigen es auch Experten, alle Sicherheitslücken geschlossen und sich als zuverlässiges Tool etabliert. Viele Unternehmen, die zum Beispiel für eigene Händlerorganisationen oder Kunden Webinare und Live-Online-Trainings mit vielen externen Teilnehmenden durchführen, nutzen Zoom als Zweittool.

Kurzum, Sie werden wahrscheinlich beruflich in verschiedenen Virtual-Meeting-Tools arbeiten. Zum Beispiel mit einer Standardlösung wie Microsoft Teams, die viele Unternehmen intern verwenden und mit der sich die meisten Menschen inzwischen gut auskennen. Aber auch mit anderen Tools, die von Ihrem Unternehmen vielleicht in Sonderanwendungen eingesetzt werden. Oder die Sie für die Zusammenarbeit mit externen Partnern nutzen. Oder wenn Sie selbst an Live-Online-Trainings, Webinaren oder Webtalks teilnehmen.

> Sie werden sicher verschiedene Tools nutzen

UNSERE PERSÖNLICHEN (GANZ SUBJEKTIVEN) EMPFEHLUNGEN

In Sachen Tools lohnt es sich also, stets up to date zu bleiben. Vor allem natürlich, falls Sie selbst Anbieter von Webinaren oder Live-Online-Trainings sind. Wir haben für Sie die aktuell gängigen Tools und auch ein paar Exoten nach mehreren Kriterien beurteilt und in einer Übersicht zusammengestellt. Diese Beurteilung ist natürlich absolut subjektiv. Es kommen auch laufend neue innovative Lösungen auf den Markt, wie zum Beispiel hopin. Hier geht es vor allen Dingen um die Durchführung von Live-Online-Konferenzen und -Kongressen. Die räumliche Aufteilung eines Kongresses mit Podium, Hauptbühne, Registrierung etc. wurde in die Logik der Software übertragen. Ein bisschen so wie damals bei Vitero. Genau genommen kann man keine generellen Empfehlungen geben. Es kommt darauf an, die relevanten Kriterien für Ihre spezifischen Anforderungen zu kennen, um dann das passende Tool auszuwählen.

DIESE TOOLS BRINGEN SIE VORAN

Tool:	Kostenfreie Version dauerhaft verfügbar? (Gilt i. d. R. für einen Basic-Account)	Maximale Teilnehmendenanzahl für eine Videokonferenz (im Premium-Account)	Breakout-Räume möglich?	Erweiterte Host-Funktionen vorhanden?	Chat-Funktion vorhanden?	Sprecher- & Galerieansicht möglich?	Whiteboard integriert?	Aufzeichnung möglich?
BlueJeans	✗	75	✓	✓	✓	✓	✓	✓
Webex	✓	100	✓	✓	✓	✓	✓	✓
Google Meet	✓	100	✗	✗	✓	✓	✗	✗
Highfive	✗	50	✗	✓	✓	✓	✗	✓
Jitsi Meet	✓	75	✗	✗	✓	✓	✗	✓
Livestorm	✓	12	✗	✗	✓	✓	✗	✗
GoToTraining	✗	25	✓	✓	✓	✓	✗	✓
GoToMeeting	✗	150	✗	✓	✓	✓	✗	✓
Join.Me	✗	250	✗	✓	✓	✓	✓	✓
Skype for Business	✗	250	✗	✓	✓	✓	✓	✓
Teams	✓	250	✓	✓	✓	✓	✓	✓
Zoom	✓	100	✓	✓	✓	✓	✓	✓

Stand Oktober 2020 | Die Einschätzung dieser Tools basiert auf unseren praktischen Erfahrungen und Recherchen. Sollte uns ein Fehler unterlaufen oder eine Einschätzung auf Grund eines Updates nicht mehr aktuell sein, freuen wir uns über Ihr Feedback (idealerweise direkt auf unserem Blog).

MENSCH, IST DOCH NUR TECHNIK

Es wäre gelogen, zu behaupten, dass bei uns Live-Online-Profis immer alles reibungslos funktioniert. Je ausgefeilter das technische Setup, umso größer die Herausforderung.

Wenn ich morgens in mein Studio komme, in dem ich unsere Live-Online-Trainings durchführe, erlebe ich immer wieder, dass technische Probleme auftreten, die ich mir nicht erklären kann. Menschen, die mich kennen, sind darüber nicht verwundert. Denn ich nutze digitale Lösungen zwar gerne und entwickle sie sogar oft mit, aber in der Praxis bin ich das berühmte Problem, das vor dem Rechner sitzt. Zum Glück habe ich Jannis, der immer eine Lösung weiß.

Aber es gibt auch Herausforderungen, für die ich wirklich nicht verantwortlich bin. Plötzlich spinnt der Greenscreen, ein neues Tool erkennt unser technisches Setup nicht oder irgendeine Verbindung ist einfach ausgefallen. Und für das oft lahmende Internet kann ich auch nichts.

Bei den Themen Live und Online gilt also: Wir müssen uns auf technische Herausforderungen einstellen und lernen, damit zu leben. Je aufwendiger Ihr Setup, umso notwendiger sind Strategien für den Umgang mit technischen Herausforderungen. Sie sollten also nicht nur das neueste Stream Deck buchen, sondern eventuell auch einen Entspannungskurs. Vielleicht meditieren Sie jeden Morgen, bevor Sie Ihre Technik hochfahren. Das hilft.

IN ACHT SCHRITTEN ZUM TOOL-PROFI

In der Flut der neu eingeführten Tools den Überblick zu behalten, fällt selbst hartgesottenen Technikfetischisten schwer. Sobald man sich an ein neues Tool gewöhnt hat, gibt es schon das nächste Update.

Das Tool als Freund Was also tun, wenn Sie sich täglich mit alten, neuen und geupdateten Tools auseinandersetzen müssen und diese immer mehr Ihre Arbeitsweise bestimmen? Wir raten: Machen Sie sich das Tool zum Freund.

Wir zeigen Ihnen am Beispiel eines neuen Virtual-Meeting-Tools, wie Sie in acht Schritten eine virtuelle Freundschaft mit ihm schließen:

1. Recherche
Bevor Sie sich mit dem eigentlichen Tool auseinandersetzen, empfehlen wir Ihnen, einen ausführlichen Blick auf die Website des jeweiligen Tools zu werfen. Dort finden Sie in der Regel die Antworten auf die folgenden Fragen:
- Warum gibt es dieses Tool? Was ist sein Nutzen?
- Welche Funktionen machen dieses Tool besonders?
- Wie sieht das Tool in der Anwendung aus?

2. Grundlagenarbeit
Überprüfen Sie, auf welche Art und Weise Sie das Tool verwenden können. Ist es eine rein browserbasierte Applikation oder besteht die Möglichkeit, sich einen Desktop-Client (lokales Programm auf Ihrem Rechner) herunterzuladen? Falls Letzteres möglich ist: Tun Sie es! Die Desktop-Variante eines Tools bietet normalerweise mehr Funktionen als die Browser-Variante.

3. Basics
Starten Sie nun einfach Ihr Virtual-Meeting-Tool. Erschrecken Sie nicht vor der möglicherweise vorhandenen Vielzahl an Optionen. Halten Sie Ausschau nach den Worten „Jetzt Meeting starten" und klicken Sie auf diesen Button, wenn Ihre Suche erfolgreich war. Nun haben Sie Zeit, sich in aller Ruhe mit den Grundfunktionen des Tools vertraut zu machen. Fragen Sie sich: Was brauche ich, um mit diesem Virtual-Meeting-Tool erfolgreich an einem Meeting teilzunehmen? In der Regel sind dies die folgenden Punkte:
- eine funktionierende Kamera
- ein funktionierendes Mikrofon
- die Möglichkeit, den Chat zu bedienen

4. Fragenkatalog

Nachdem Sie sich mit den Grundfunktionen vertraut gemacht haben, stellen Sie sich die Frage: Was würde ich gerne noch können, verstehe es aber nicht? Schreiben Sie diese Themen stichpunktartig auf. Alle großen Tool-Anbieter haben illustrierte Hilfeseiten, auf denen Sie in 99 von 100 Fällen eine Antwort finden.

5. Perspektivwechsel

Sie kennen die Grundfunktionen und haben möglicherweise schon weitere Funktionen entdeckt. Folgender Perspektivwechsel darf jetzt nicht fehlen: die klassische Teilnehmendenperspektive. Wenn Sie Referentin bzw. Referent oder Host in einem Meeting sind, kann es sein, dass das „Tool-Erlebnis" Ihrer Teilnehmenden ein völlig anderes ist als Ihr eigenes. Überlegen Sie: Gibt es einen Unterschied zwischen Ihnen und den anderen Teilnehmenden innerhalb Ihres Tools? Wenn ja, erleben Sie das Tool auch nochmal aus der TN-Perspektive, indem Sie ein solches Meeting alleine oder mit einer Kollegin oder einem Kollegen nachstellen.

6. Konkreter Anwendungsfall

Sie haben erfolgreich alle Hürden gemeistert. Nun ist die Zeit für den ersten ganz konkreten Anwendungsfall gekommen. Planen Sie diesen auf Basis Ihrer Erkenntnisse aus den ersten fünf Schritten. Lassen Sie sich während des Meetings von plötzlich neu auftretenden technischen Hürden nicht aus dem Konzept bringen. Das ist völlig normal, Sie können nie alle Fehlerquellen eliminieren. Besinnen Sie sich auf die Grundfunktionen Ihres Tools und versuchen Sie von dieser Basis aus, alle auftretenden Probleme zu lösen.

7. Königsklasse

Nach Ihrem ersten erfolgreichen Anwendungsfall in der Praxis sind Sie bereit, Ihr Wissen mit anderen zu teilen, die möglicherweise erst bei Schritt 2 oder 3 sind. Positiver Nebeneffekt: Wenn Sie anderen Ihr Erlerntes vermitteln, festigen Sie es bei sich selbst. So helfen Sie anderen und werden ganz nebenbei noch sicherer im Umgang mit Ihrem Tool.

8. Digitale Safari

Es ist soweit, Sie können in die Weiten der digitalen Tool-Landschaft entfliehen. Lassen Sie sich inspirieren von Profis – was kann man sich von diesen abschauen? Nehmen Sie Tipps und Tricks aus spannenden Live-Online-Formaten und Erklärvideos mit und bleiben Sie neugierig, denn damit ebnen Sie sich den Weg zum absoluten Tool-Expertentum.

RICHTIG GUT

rüberkommen

AUCH ONLINE ÜBERZEUGEND WIRKEN

Die Corona-Zeit hat uns nicht nur Einblicke in die Wohnzimmer und Küchen unserer Kolleginnen und Kollegen beschert. Sie führte uns auch vor Augen, worauf es in der Durchführung von Live-Online-Meetings ankommt und wie man sich selbst professionell darstellen sollte. Die ersten Wochen und Monate waren nicht selten eine Pannen- und Freakshow. Schwarze Gestalten vor hellem Hintergrund. Verzerrte Stimmen, die klangen wie beim Geheiminterview eines Whistleblowers im TV-Magazin. Und Menschen, die den Unterschied zwischen einer Telefonkonferenz und einer Videokonferenz einfach abschafften, indem sie ihre Kamera ausgeschaltet hatten.

Inzwischen dürfte klar sein, dass der Auftritt im Live-Online-Meeting genauso wichtig ist wie bei jedem anderen internen oder externen Meeting, an dem Sie teilnehmen. Wahrscheinlich werden Sie auch dort gut vorbereitet und angemessen gekleidet erscheinen und sich an die allgemeinen Gepflogenheiten im Businesskontext halten.

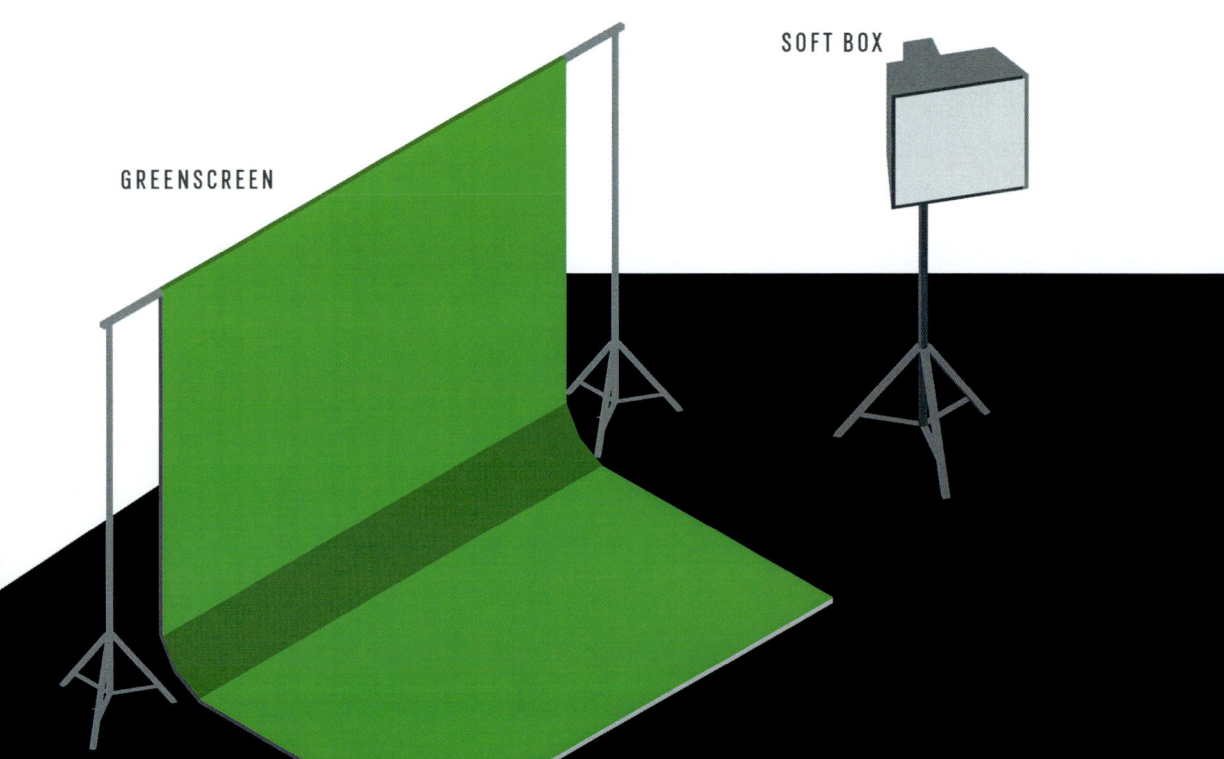

SOFT BOX

GREENSCREEN

Dazu gilt es noch Branchenspezifika zu beachten. In Banken wird zwar heute immer seltener eine Krawatte getragen, aber es geht immer noch etwas konservativer zu als in der Softwarebranche oder einem Startup für Hanfprodukte.

Besitzen Sie ein Profil auf XING und LinkedIn? Dann haben Sie das wahrscheinlich gut gepflegt und ein professionelles Foto ausgewählt (falls nicht, sollten Sie das jetzt sofort nachholen). Sie präsentieren sich dort so, dass jeder Ihrer virtuellen Besucher einen professionellen und gleichzeitig sympathischen Eindruck von Ihnen gewinnt. Ihren Onlineauftritt in einem virtuellen Meeting sollten Sie ähnlich betrachten. Sie müssen erst einmal die Grundvoraussetzungen schaffen, um richtig teilzunehmen. Das ist quasi Ihr Basisprofil. Für die Profis gibt es noch ein paar Zusatzfeatures, wie zum Beispiel die richtige Beleuchtung von vorn und ein eigener professioneller virtueller Hintergrund, vielleicht sogar in verschiedenen Varianten, je nachdem, um welches Meeting es sich handelt.

Hier sehen Sie, worauf es technisch ankommt

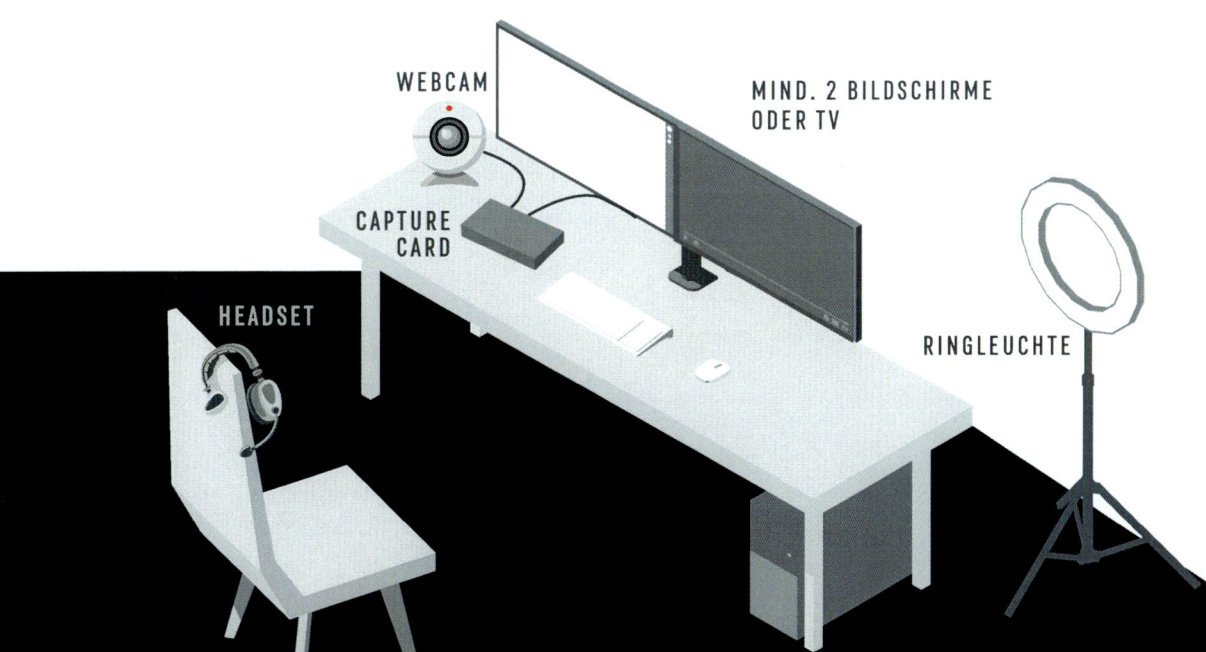

WEBCAM

MIND. 2 BILDSCHIRME ODER TV

CAPTURE CARD

HEADSET

RINGLEUCHTE

DEN RICHTIGEN BILDAUSSCHNITT WÄHLEN

Von unserem Kollegen Andreas Dilschneider, der als gelernter Schauspieler unser Experte für Körpersprache ist, haben wir kürzlich die Regeln für den richtigen Bildausschnitt im Live-Online-Meeting gelernt. Wir dürfen uns Anleihen bei Sergio Leone nehmen, der in den 60er-Jahren die Close-ups, die Nahaufnahmen der Schauspieler, revolutionierte: Ihr Kopf sollte gut im Bild sein, von vorne ausgeleuchtet dank Ringleuchte, Ihre Kamera muss im richtigen Winkel stehen (nämlich auf Augenhöhe!) und Ihr Headroom, also der Platz über Ihrem Kopf bis zum Bildrand, sollte nicht größer als eine Handbreit sein.

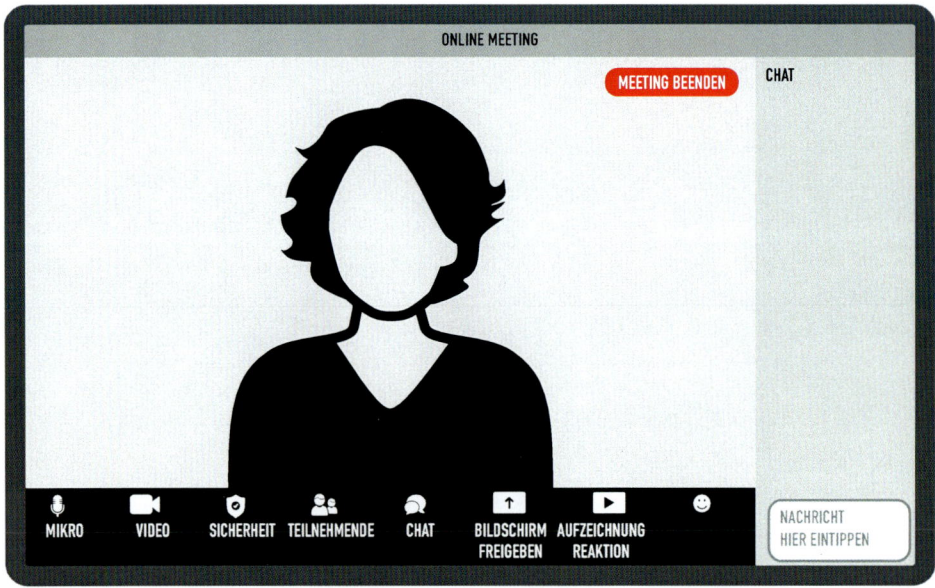

ACHTUNG, KAMERA ANSCHALTEN!

In den 90er-Jahren versuchte die Telekom einmal, Videotelefonie zu etablieren. Da gab es sehr teure Geräte mit Minidisplays und grob gepixelten Bildern. Die Technik setzte sich nicht durch. Nicht nur wegen der schlechten Qualität, sondern weil viele Menschen irgendwie das Gefühl hatten: Ist mir eigentlich lieber, beim Telefonieren nicht gesehen zu werden. Auch heute gibt es in Live-Online-Meetings noch Kameramuffel, die ihre Kamera einfach nicht einschalten wollen. Vor Corona wurden Virtual-Meeting-Tools wie Skype for Business eigentlich nur zur Durchführung von Telefonkonferenzen genutzt. Nebenbei teilte man vielleicht noch seinen Bildschirm, aber ohne dass die Teilnehmenden sich gegenseitig sehen konnten. Im Prinzip handelte es sich da um IP-Telefonie mit Bildschirmteilen.

Kameramuffel sind die Ausnahme

In Marketing-Webinaren und sogenannten Web-Demos war es bereits in den letzten Jahren üblich, dass die jeweils präsentierende Person ihre Kamera eingeschaltet hatte. Man konnte dann mit Dauer der Präsentation erkennen, dass es für die Präsentierende oder den Präsentierenden immer schwierig wurde, ein freundliches und intelligentes Gesicht zu machen, während sie oder er quasi ohne Feedback ins digitale Nichts sprach.

Inzwischen ist das komplett anders. Kameramuffel sind glücklicherweise die Ausnahme. Wenn die Datenübertragung es zulässt, haben die meisten Teilnehmenden einer Videokonferenz auch ihr Video zur Übertragung ihres eigenen Kamerabildes an. Und das ist auch gut so, würde ein ehemaliger Berliner Bürgermeister dazu sagen. Videokonferenzen ohne Bildübertragung der jeweiligen Teilnehmenden ist ein bisschen wie Joggen mit Gewichten. Man kann das machen, aber es erschwert die Kommunikation. Stellen Sie sich vor, Sie haben ein Präsenz-Meeting und einige Teilnehmende tragen eine Papiertüte überm Kopf. Das wäre ziemlich skurril und würde den jeweiligen Personen wahrscheinlich nicht nutzen. Genauso verhält es sich in Live-Online-Konferenzen.

Wenn Sie Ihre Kamera ausgeschaltet lassen, schalten Sie gleichzeitig auch den wichtigsten menschlichen Kommunikationskanal aus. Wir Menschen sind Augentiere, das ist unser evolutionäres Programm. Schon lange vor der Entwicklung unseres elaborierten Sprachcodes haben wir unsere Umgebung und damit auch andere Homo sapiens sapiens allein aufgrund der visuellen Wahrnehmung eingeschätzt und bewertet. Unser Gehirn reagiert genauso in Live-Online-Meetings auf visuelle Reize – deshalb Kamera an.

VISUELL AUF GANZER LINIE ÜBERZEUGEN

Weil Ihre visuelle Selbstdarstellung auch in einem Live-Online-Meeting darüber entscheidet, wie kompetent Sie wahrgenommen werden, sollten Sie Ihren visuellen Auftritt hinsichtlich Kleidung, Frisur und ggf. Make-up genauso planen wie vor einem wichtigen Präsenztermin. Es gibt gewisse Standards, die Sie generell einhalten sollten, denken wir an die ungeschriebenen Gesetze zum richtigen Outfit am Arbeitsplatz.

In Live-Online-Meetings kommen allerdings ein paar neue Standards dazu: Es geht nicht nur um Ihr Aussehen, sondern zum Beispiel auch um Ihren Hintergrund, sei es ein virtueller oder realer, die Qualität Ihrer Kamera, das richtige Licht, die Perspektive, aus der Sie sich zeigen etc. Planen Sie all diese Faktoren ein und gestalten Sie sie aktiv zu Ihrem Vorteil. Zu den Punkten Hintergrund, Kamerawinkel und Licht haben wir Ihnen ein paar Bildbeispiele zusammengestellt, die zeigen, wie man es richtig macht – und wie besser nicht.

`Ihr Aussehen, der Hintergrund, das richtige Licht usw`

ZU DUNKEL ODER LICHT VON HINTEN

SCHLECHTES GREENSCREENING

KAMERA ZU WEIT UNTEN

KOPF ZU WEIT
UNTEN

KOPF ZU
WEIT OBEN

PERFEKT!

HOMEOFFICE ERNST NEHMEN

Bis zur Corona-Krise waren die Themen virtuelle Teams und Homeoffice ein Randphänomen, zwar wachsend und zunehmend relevant, aber noch nicht wirklich im Alltag angekommen. Im Kontext von sogenanntem New Work oder agilem Arbeiten waren virtuelle Teams schon relativ verbreitet. Homeoffice dagegen galt als ein Privileg, das man sich erarbeiten oder in Vertragsverhandlungen erkämpfen musste. Nur für die wenigsten Arbeitnehmerinnen und Arbeitnehmer war es Alltag. Laut einer Umfrage des deutschen Digitalverbands Bitkom waren im März 2020 fast die Hälfte aller Erwerbstätigen (49 Prozent) komplett oder teilweise im Homeoffice tätig. 31 Prozent gaben an, dass sie schon vor dem Lockdown im Homeoffice arbeiten durften. Ein signifikanter Anstieg also. Was aber nicht vergessen werden darf: 41 Prozent der Befragten äußerten, dass ihre Arbeit grundsätzlich nicht für Homeoffice geeignet sei.

`Homeoffice als Privileg?`

Ob von zu Hause, vom Strand oder vom Büro aus: Für all diejenigen von uns, die schon vor Corona viel mit dem Laptop gearbeitet haben, wird virtuelle Zusammenarbeit dauerhaft an Bedeutung gewinnen. Es geht darum, wie Sie sich selbst professionell in der virtuellen Zusammenarbeit präsentieren, Ihre Arbeit zunehmend online durchführen und virtuell mit internen und externen Partnern zusammenarbeiten, wie Sie Gespräche, Präsentationen, Meetings, Seminare, Trainings oder sogar Konferenzen professionell online durchführen und daran teilnehmen.

KOMMUNIKATIVE KOMPETENZEN ERWEITERN

Wie gut Sie im digitalen Raum kommunizieren, wird im zunehmenden Maße über Ihren beruflichen Erfolg entscheiden. Daher ist es sinnvoll, hier Profi zu werden. Je schneller Sie den Wechsel in Mindset und Skillset bewältigen, umso erfolgreicher werden Sie im Post-Corona-Zeitalter sein. Die Auswahl der richtigen Tools (wenn Sie diese denn auswählen können) und die Beherrschung dieser Tools wird dann der nächste Entwicklungsschritt sein. Dieser ist technologieabhängig und vom ständigen Wandel geprägt. Viele Inhalte zu diesen Themen haben wir daher auf unseren Blog ausgelagert. Das Format Buch, egal ob als E-Book oder gedruckt, käme mit den immer schneller erfolgenden Software-Updates nicht mehr mit.

Mehr Infos hier im Blog
live-goes-online.de

GLEICHMACHER-EFFEKT BEACHTEN

Meetings sind etwas Archaisches. Menschen kommen in Gruppen zusammen, um Probleme zu erörtern und Entscheidungen zu treffen. Da geht es um Beziehungen, Hierarchien und Rhetorik. Das ist heute nicht anders. Bei manchen unserer Kunden gibt es noch den Begriff der Sitzung, der immer etwas nach Linoleumfußboden klingt. Je höher die hierarchische Ebene, umso archaischer sehen die Sitzungsräume aus. Vielleicht gibt es dort auch Videoconferencing-Vorrichtungen mit großen Bildschirmen und Anschlüssen zum digitalen Intranet für jeden Teilnehmenden platz. Ein Meeting in einem solchen Raum hat schon aufgrund seiner Architektur und der Gestaltung der Sitzordnung eine klare psychologische und oft auch hierarchische Botschaft. In einem Live-Online-Meeting sieht das ganz anders aus. Das Virtual-Meeting-Tool nivelliert hierarchische Beziehungen. Jeder hat die gleichen technischen Zugangsvoraussetzungen. Plötzlich erscheint die Chefin, der Chef als ziemlich geerdete virtuelle Person, die aufgrund der typischen Altersstruktur in deutschen Unternehmen nicht selten auch noch besonders große Probleme mit der Bewältigung der technischen Herausforderungen hat. Live-Online-Meetings machen die Menschen gleicher, salopp formuliert. Teils auf sehr anschauliche Art. Schon so mancher Alpha-Mensch hat sich durch einen unprofessionellen Auftritt im Live-Online-Meeting selbst entzaubert.

> Live-Online-Meetings machen die Menschen gleicher

Was lernen wir? Der professionelle Live-Online-Auftritt will geplant und geübt sein, und nicht wenige Führungskräfte haben sich in Corona-Zeiten unfreiwillig als digital nicht wirklich kompetent präsentiert. Zum Glück haben Sie dieses Buch und können sich dadurch perfekt auf die neuen Bedingungen vorbereiten.

JEDE MEETING-SITUATION HAT IHRE EIGENEN ANFORDERUNGEN

#1 Sind alle Teilnehmenden mit der Meeting-Situation vertraut?

#2 Gibt es eine feste Sitzordnung?

#3 Wen sehe ich während des Meetings?

#4 Sind alle Teilnehmenden gleichberechtigt und können die gleichen Funktionen nutzen?

#5 Wie sind Visualisierungen möglich?

#6 Sind Interaktionen während des Meetings möglich?

#7 Wen schaue ich an?

#8 Kann ich während des Meetings mit Teilnehmenden exklusiven Kontakt aufnehmen?

#9 Bekomme ich nonverbales Feedback von meinen Teilnehmenden?

#10 Kann ich meine Notizen während eines Meetings verwenden?

#11 Kann ich die Aufmerksamkeit der Teilnehmenden überprüfen?

#12 Können die Meeting-Zeiten überzogen werden?

PRÄSENZ-MEETING

LIVE-ONLINE-MEETING

PRÄSENZ-MEETING	LIVE-ONLINE-MEETING
Ja.	Nicht unbedingt. Neue Tools und Updates sorgen für Überraschungsmomente.
Wenn gewünscht (abhängig von der Unternehmenskultur), ja.	Nein, da die Anordnung der Videobilder von Bildschirm zu Bildschirm unterschiedlich ist.
Alle Teilnehmenden jederzeit.	Nur diejenigen, die ihre Kamera eingeschaltet haben, und das auch nicht immer.
Ja.	Nein, je nach Status oder Art der Einwahl (online oder telefonisch) sind die Möglichkeiten unterschiedlich.
Auf Flipcharts und Pinnwänden.	Per Whiteboards, geteilten Doks etc.
Ja.	Ja, abhängig von den Funktionalitäten des Tools und der Kompetenzen der Teilnehmenden.
Gefühlt alle, mit Blickkontakt aber nur jeden einzeln.	Mit einem Blick in die Kamera schaue ich alle an (und dabei jeden individuell).
Im Prinzip schon, wäre aber ungewöhnlich.	Ja, falls der Chat Möglichkeiten für Privatnachrichten bietet.
Ja, vor allem durch Mimik und Körpersprache.	Wem eine Geste oder ein Gesichtsausdruck gilt, ist schwer zu sagen.
Ja, aber vermutlich beschränken sich diese auf einen Notizblock oder den eigenen Laptop.	Ja, es kann eine Vielzahl an Notizquellen genutzt werden, sofern sich diese außerhalb des Kamerabilds befinden.
In der Regel ja, durch Beobachten und Nachfragen.	Schwer zu sagen, denn was auf dem Bildschirm oder in der Umgebung der Teilnehmenden passiert, wissen nur diese.
Ja, nach Rücksprache mit den Teilnehmenden.	Selten möglich, da viele Teilnehmende Anschlusstermine haben.

VIRTUELLE HINTERGRÜNDE – VIEL MEHR ALS EFFEKTHASCHEREI

Drei Fragen wollen wir nachgehen:

- Wie funktioniert das eigentlich mit den virtuellen Hintergründen?

- Was können Sie selbst einstellen und beeinflussen, damit Ihr Auftritt mit einem virtuellen Hintergrund maximal professionell wirkt?

- Welche Dinge gilt es zu beachten, wenn Sie in Live-Online-Präsentationen einen virtuellen Hintergrund nutzen möchten?

Funktionsweise

Die meisten gängigen Virtual-Meeting-Tools nutzen das sogenannte Chroma-Key-Verfahren, um einen virtuellen Hintergrund zu erzeugen. Dabei wird der virtuelle Hintergrund generiert, indem ein Foto oder auch ein Video als Ebene unter Ihr Videobild gelegt wird. Anschließend werden die einfarbigen, gleich aussehenden Bereiche Ihres Videobilds per Videotechnik transparent gemacht, sodass der Hintergrund zum Vorschein kommt. Früher hätte man dafür ein aufwändiges Studio-Setup gebraucht. Heute reichen zwei, drei Klicks.

Richtige Nutzung

Damit das Virtual-Meeting-Tool Ihren realen Hintergrund, sprich, Ihre Wand, Ihr Bücherregal oder sonstiges gut erkennt und ausblendet, sollte dieser möglichst einheitlich sein. Keine Sorge, ein Greenscreen ist nicht nötig. Es reicht ein einheitlicher Hintergrund, egal in welcher Farbe. Er kann auch, wenn Sie temporär aus dem Kinderzimmer arbeiten müssen, in Pink sein. Eine optimale Ausleuchtung hilft. Sie selbst sollten sich möglichst stark von Ihrem Hintergrund abheben. Bitte also keine Kleidung in derselben Farbe.

Damit der Einbau Ihres virtuellen Hintergrunds reibungslos verläuft, sollte Ihr Laptop oder Desktop-PC mindestens über Windows 10 oder Mac OS 10.13 und mindestens über einen i5- oder i7-Vierkernprozessor verfügen. Für die Auswahl des virtuellen Hintergrunds navigieren Sie in Ihrem jeweiligen Virtual-Meeting-Tool zu den eigenen Video- oder Kameraeinstellungen. Dort finden Sie den Punkt „virtuellen Hintergrund auswählen". Nach Anklicken öffnet sich ein Auswahlmenü mit vorgegebenen Hintergründen und, meistens symbolisiert mit einem Pluszeichen, der Option, einen eigenen virtuellen Hintergrund einzufügen. Beachten Sie hierbei die toolspezifischen Vorgaben, was Dateigröße und Dateiformat angeht.

Ein Greenscreen ist gut aber nicht nötig. Es reicht ein einheitlicher Hintergrund, egal in welcher Farbe.

Nutzung für Präsentationen

- **VARIANTE 1:** Sie nutzen die Hintergrundfunktion in einem Tool wie Zoom oder Teams. In der Vorbereitung Ihrer Präsentation müssen Sie nun Ihre Folien als JPEG oder PNG abspeichern und dann in das jeweilige Tool hochladen. Beim Präsentieren können Sie nun per Mausklick von einer Folie oder von einem virtuellen Hintergrund zum nächsten wechseln.

- **VARIANTE 2:** Sie nutzen ein Tool wie ChromaCam oder ManyCam. In den Videoeinstellungen Ihres Virtual-Meeting-Tools wählen Sie als Kamera dieses Tool aus. Der entsprechende Desktop Client ist während der gesamten Präsentation geöffnet und dient dazu, Ihre virtuellen Hintergründe, das Logo oder Ähnliches in Ihrem Auftritt zu steuern. Das kann mitunter herausfordernd sein, denn Sie sehen hauptsächlich das Fenster Ihres Virtual-Meeting-Tools. Auch in diesem laden Sie Ihre Präsentation in den Hintergrundspeicher. Hier müssen Sie aber nicht wie in Teams oder Zoom Ihre Folien erst selbst manuell in Fotoformate exportieren, sondern Sie wählen einfach Ihre PowerPoint-Datei per Drag and Drop aus. Den Export als JPEG oder PNG übernimmt das Tool für Sie.

KOM
PLEXE
als gedacht

Albrecht-
BOX

KLEINE GESCHICHTE DES EINS-ZU-EINS-GESPRÄCHS

Das Telefon ist eine Erfindung des 19. Jahrhunderts. Bis heute streiten sich Gelehrte darüber, ob es Philipp Reis war oder Graham Bell, der diese Technik zuerst erfunden hat. Klar ist: 1881 gab es in Berlin eine Vermittlungsstelle für Telefonverbindungen. Insofern war das der Zeitpunkt, als Gespräche zwischen zwei Menschen nicht mehr nur stattfinden konnten, wenn diese in einem Raum waren oder an einem Ort. Ich kann mich erinnern, wie ich vor einigen Jahren im Urlaub eine alte Dame kenngelernt habe, die damals schon 103 war und mir erzählte, welchen Aufruhr es gab, als ihr Vater als Gerichtspräsident in Erfurt in den frühen Jahren des 20. Jahrhunderts das erste Telefon der Stadt bekam. Das war damals eine Sensation.

Hundert Jahre lang haben wir genauso telefoniert wie der Vater der alten Dame. Zwei Menschen halten irgendein Gerät in der Hand und telefonieren. Sie können sich nicht sehen, nur hören. Das änderte sich erst in den letzten 20 Jahren. Eine neue Dimension kam dazu. Die gibt es zwar schon relativ lange, bereits in den 90er-Jahren hatte die Telekom in Deutschland beispielsweise Videotelefonie angeboten, aber bis zur Nutzung als Standardtool hat es noch einmal knapp 30 Jahre gedauert. Fast so wie damals mit dem Telefon. Wir befinden uns also gerade mitten in einer technologischen und kommunikativen Zeitenwende.

DIE DREI HERAUSFORDERUNGEN IM LIVE-ONLINE-MEETING

Live-Online-Meetings sind auch nur Meetings, also warum irgendetwas anders machen? Das ist leider ein Trugschluss, mit dem wir in diesem Kapitel gründlich aufräumen wollen. Durch die besonderen Rahmenbedingungen eines Treffens im virtuellen Raum, bei dem spezifische Softwarelösungen ins Spiel kommen, wächst die Komplexität. Wenn wir diese nicht meistern, nützt es auch nichts, gut vorbereitet zu sein, eine klare Struktur zu haben und Teilnehmende, die dem Meeting euphorisch entgegenblicken. Die wachsende Komplexität äußert sich in drei großen Herausforderungen.

Die erste Herausforderung liegt in der Technik. In den Corona-Monaten haben wir das alle erlebt. Manche Meetings begannen 15 oder 20 Minuten verspätet, weil erst einmal alle technischen Probleme gelöst werden mussten. Viele Meetings **Technische Hürden meistern** waren weder effektiv noch effizient. Vor Jahren gab es einmal ein satirisches Video, in dem die Absurdität eines Live-Online-Meetings dargestellt wurde, indem man dieses in einem realen Meeting-Raum nachstellte. Da sah man dann Menschen, die auf dem Flur umherirrten, weil sie nicht durch die Tür kamen. Die Meeting-Leitung verlor irgendwann den Überblick, wer eigentlich dabei war. Manche Teilnehmende tauchten kurz auf, blieben aber unsichtbar. Andere wirkten bewegungslos, wie eingefroren. All das wäre in einem realen Meeting total absurd, aber genau so laufen Live-Online-Meetings manchmal ab, zumindest dann, wenn es technische Hürden gibt.

Der Erfolg eines Live-Online-Meetings hängt also zunächst davon ab, dass alle Teilnehmenden technisch in der Lage sind, professionell an dem Meeting teilzunehmen. Das klingt banaler, als es ist. Auch im Herbst 2020 gibt es noch viele Mitarbeitende, die auf ein professionelles Headset warten, und die Möglichkeiten der Tools sind nicht allen Mitarbeitenden bekannt und werden dann im Meeting auch nicht wirklich sinnvoll eingesetzt.

Unser erster Tipp lautet daher: Machen Sie sich selbst fit, werden Sie ein Profi-User der Tools, die in Ihrem Unternehmen oder bei Ihren Kunden eingesetzt werden. Falls Sie Führungskraft sind, sorgen Sie dafür, dass Ihr Team in der Nutzung der relevanten Tools in Ihrem Unternehmen wirklich gut ausgebildet ist. Sobald Sie Ihre technischen Hausaufgaben gemacht haben, geht es darum, Ihre Live-Online-Meetings auch professionell vorzubereiten und durchzuführen.

Gute organisatorische Vorbereitung

Damit sind wir bei der zweiten Herausforderung, der organisatorischen Vorbereitung. Hier gilt, was für jedes Meeting gilt, ob real oder virtuell: Schlecht vorbereitet, ohne klare Moderation und Spielregeln wird das Meeting zum Desaster. Im Vergleich zum realen Meeting fällt es beim Live-Online-Meeting aber noch stärker ins Gewicht. Unser Kollege Phil Stauffer spricht hier gerne vom Brennglas- oder Lupeneffekt, bei allem, was online stattfindet.

Die Vorbereitung muss den Ansprüchen an effektive Live-Online-Meetings gerecht werden. Zu beachten ist: Das Meeting ist wahrscheinlich kürzer als das Pendant in der Präsenzwelt. Die Moderation muss noch strukturierter sein, die einzelnen Beiträge sollten kompakter, präziser, fokussierter und die eingesetzten Medien und Materialien absolut onlinetauglich sein. Wenn Sie das im Blick haben und sich entsprechend vorbereiten, sind Sie auf einem guten Weg.

Auf ausreichende Pausen zwischen den Terminen achten

Die dritte Herausforderung ist die engere Taktung. Während wir in der Vor-Corona-Welt zwischen zwei Meetings eine Pause hatten, über lange Flure schlenderten und an einem Espresso nippen konnten, haben wir plötzlich einen Terminkalender, in dem ein Meeting ohne Unterbrechung auf das andere folgt. Zeit- und Selbstmanagementprofis werden an dieser Stelle vollkommen zu Recht einwenden, dass das natürlich eine absolute Fehlplanung ist. Aber aktuell ist es oft die Realität. Äußerungen wie „Sorry, ich muss raus, habe schon das nächste Meeting!" kennen Sie wahrscheinlich gut.

Die Folge der engen Taktung sind abrupte Ausstiege von Teilnehmenden. Bei Präsenz-Meetings wären die Skrupel etwas größer, tatsächlich pünktlich um 15 Uhr das Meeting einfach zu verlassen und aufzustehen. In Live-Online-Meetings ist das gelebte Praxis, nicht nur von hochrangigen Führungskräften, sondern von allen. Und es wird auch akzeptiert. Dementsprechend sollten Sie beispielsweise die Ausstiegsphase Ihres Meetings sehr konsequent planen und das Meeting auch genauso steuern. Es ist leider ein typischer Fehler bei Live-Online-Meetings, dass selbst gute Meetings plötzlich ohne klare Ergebnisse enden, Verantwortlichkeiten nicht wirklich festgelegt wurden, weil wichtige Teilnehmende abrupt aus dem Meeting aussteigen.

Die gute Nachricht: Wenn Sie sich an die folgenden Tipps halten, laufen Ihre Live-Online-Meetings strukturiert, effizient und mit Echtzeitdokumentation ab. Live-Online-Meetings sind eine riesige Chance zur Effizienzsteigerung. Sie müssen Sie nur gut planen.

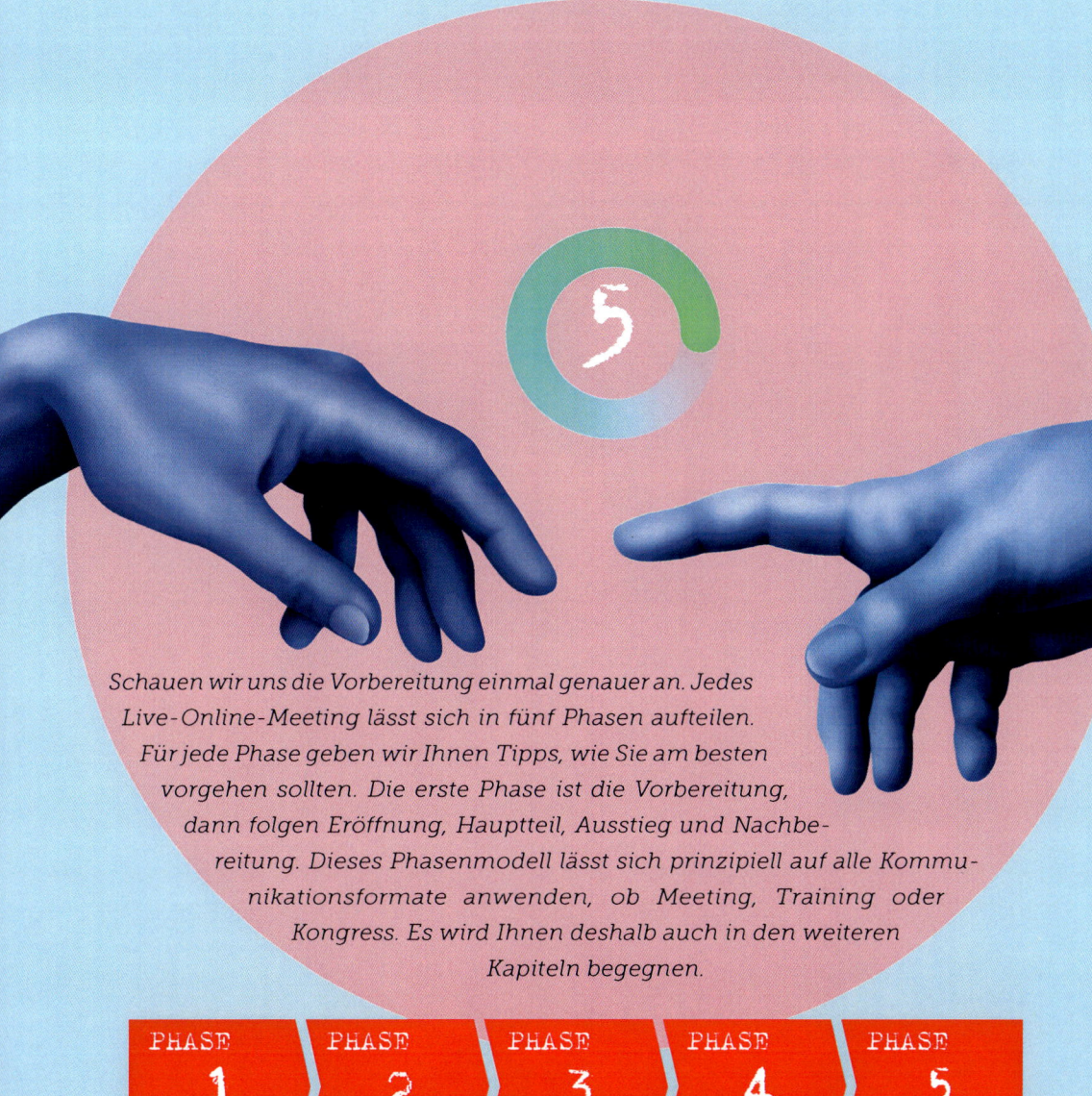

Schauen wir uns die Vorbereitung einmal genauer an. Jedes
Live-Online-Meeting lässt sich in fünf Phasen aufteilen.
Für jede Phase geben wir Ihnen Tipps, wie Sie am besten
vorgehen sollten. Die erste Phase ist die Vorbereitung,
dann folgen Eröffnung, Hauptteil, Ausstieg und Nachbereitung. Dieses Phasenmodell lässt sich prinzipiell auf alle Kommu-
nikationsformate anwenden, ob Meeting, Training oder
Kongress. Es wird Ihnen deshalb auch in den weiteren
Kapiteln begegnen.

PHASE 1	PHASE 2	PHASE 3	PHASE 4	PHASE 5
DIE VORBEREITUNG	DIE ERÖFFNUNG	DER HAUPTTEIL	DER AUSSTIEG	DIE NACHBEREITUNG

IN DIESEN FÜNF PHASEN LÄUFT DAS MEETING AB

PHASE 1:
DIE VORBEREITUNG

Damit Ihnen die besonders entscheidende Vorbereitungsphase so leicht wie möglich fällt, geben wir Ihnen diese Checkliste mit den wichtigsten Fragen an die Hand:

UM WELCHE ART VON MEETING GEHT ES?

Wahrscheinlich finden in Ihrem Unternehmen bzw. Arbeitsgebiet unterschiedliche Arten von Meetings statt. Wenn Sie agil arbeiten, haben Sie vielleicht ein Daily-Stand-up. Das wäre dann ein Regel-Meeting. Bei einer Montagsrunde mit den Abteilungsleitern handelt es sich ebenfalls um ein Regel-Meeting. Sollten Sie noch klassisches Projektmanagement betreiben, haben Sie möglicherweise Projektstatus-Meetings (was nicht immer eine gute Idee ist). Daneben gibt es Meetings aus aktuellem Anlass, zum Beispiel: „Hoppla, wir machen momentan Live-Online-Meetings, die alle schlecht organisiert sind." Es gibt Meetings, in denen Sie vielleicht nur informieren, andere, in denen Sie Probleme lösen und dabei kreative Methoden einsetzen. Machen Sie sich also klar, um welche Art von Meeting es sich in Ihrem Falle handelt. Unter anderem hat dies Auswirkung auf die Einladung, die Sie an die Teilnehmenden verschicken.

ZUM MEETING EINLADEN – SO GEHEN SIE VOR

In allen gängigen Virtual-Meeting-Tools können Sie unterschiedliche Meeting-Arten entsprechend des Anlasses ansetzen. Ist es ein eher informelles Meeting? Reicht zum Beispiel eine Einladung zu Ihrem persönlichen Besprechungsraum in Ihrem Virtual-Meeting-Tool? Oder planen Sie ein formelles Meeting mit einer klassischen Einladung über ihr E-Mail-Programm und ggf. einer Terminerinnerung vor dem Meeting?

Wenn Sie mit einem Virtual-Meeting-Tool ein eher informelles Meeting starten wollen, wie zum Beispiel mit Ihren Kolleginnen und Kollegen oder innerhalb eines Arbeitskreises, reicht häufig eine spontane Erstellung einer Besprechung. Je nach Tool haben Sie dann die Möglichkeit, die anderen Teilnehmenden des Meetings per Direkteinladung, per Link oder zum Beispiel mittels einer Meeting-ID einzuladen.

Sollte neben den informellen Meetings mit Ihren Kolleginnen und Kollegen doch einmal ein formaleres Meeting stattfinden, zum Beispiel mit Entscheidungsträgern innerhalb Ihres Unternehmens oder externen Partnern, empfiehlt sich eine klassische Einladung über Ihr E-Mail-Programm, zum Beispiel Outlook. Nutzen Sie nach Möglichkeit das Add-in Ihres Virtual-Meeting-Tools für Ihr Mailprogramm. Über das Add-in können Sie nämlich einen klassischen Kalender-Termin erstellen und diesen direkt mit einer Einladung Ihres Tools versehen, sodass Ihre gewünschten Teilnehmenden wie gewohnt den Kalender-Termin öffnen und dann direkt an Ihrem Live-Online-Meeting teilnehmen können.

Wenn Sie die Versendung der Live-Online-Meeting-Einladung erfolgreich gemeistert haben, gibt es für Sie noch zwei weitere wichtige Themen, die Sie beim Vorbereiten Ihres Live-Online-Meetings beachten sollten:

Zu- und Absagen kontrollieren

Vielleicht kennen Sie die Situation, dass in den ersten Minuten des Meetings jemand fragt: „Hat Herr Schmitzkowski eigentlich zugesagt?" Und Sie antworten: „Oh, das weiß ich gar nicht, ich habe nur gesehen, dass zwei von sechs angenommen haben. Ich meine mich zu erinnern, dass er da im Urlaub war." Dieses Szenario können Sie verhindern, wenn Sie mindestens drei Tage vor Ihrem Meeting und unmittelbar vor Ihrem Meeting einen Blick in den Terminplanungsassistenten werfen. Dort wird Ihnen genau aufgeschlüsselt, welche Meeting-Teilnehmenden zu- und abgesagt haben.

Besprechungsoptionen regeln

Je nach Anlass und Inhalt des Meetings können Sie über die Besprechungsoptionen Ihres jeweiligen Virtual-Meeting-Tools eine Auswahl an Einstellungen treffen, die Ihr Meeting weiter auf den entsprechenden Anlass zuschneiden und die entsprechenden Rahmenbedingungen liefern, um ein professionelles Live-Online-Meeting durchzuführen.

In den meisten Tools können Sie vorab entscheiden, wer von Ihren Meeting-Teilnehmenden in den Wartebereich muss und wer diesen umgehen kann, sprich: Wen müssen Sie erst für das Meeting zulassen und wer gelangt mit nur einem Mausklick in das Meeting? Außerdem bieten die Besprechungsoptionen Ihnen oft auch weitere Einstellungsmöglichkeiten, wie zum Beispiel Kamera- und Audiogrundeinstellungen Ihrer Teilnehmenden, einen möglichen Passwortschutz oder auch den Status, den Ihre Teilnehmenden in Ihrem Live-Online-Meeting haben werden.

WAS IST IHR ZIEL?

Damit ein Meeting auch ein gutes Ergebnis zeitigt, müssen Sie vorher die Zielsetzung klären. Also, was wollen Sie erreichen? Welches Ergebnis erhoffen Sie sich? Meetings ohne klare Ziele, in denen es nur um Information geht, können Sie komplett durch eine E-Mail mit Anhang ersetzen. In Online-Zeiten gibt es auch Meetings, die nur für die Beziehungspflege da sind. Eigentlich Blödsinn, die gibt es natürlich auch in der Offline-Welt. Wir kennen ein Start-up aus der Schweiz, in dem sich alle Mitarbeitenden jeden Freitagabend zu einem Feierabendbier auf dem Dach treffen. Bei einem unserer Kunden gibt es das Thank-God-I-Survied-Monday-Meeting. Hier kommt man kurz am Montagabend vor Feierabend zusammen, tauscht sich darüber aus, was alles gut gelaufen ist an diesem Tag, wem man dankbar sein sollte, wer irgendwas besonders toll gemacht hat. In solchen Meetings geht es nur um positive Nachrichten. Kann man sowas auch online durchführen? Selbstverständlich.

UM WELCHES MEETING-FORMAT (UND DAMIT WELCHE METHODEN) GEHT ES?

Jedes Meeting-Format hat einen unterschiedlichen Ablauf. Insofern ist es wichtig, dass Sie vorher entscheiden, um welche Art von Meeting es sich handelt. Daraus folgt die Wahl der Methoden.

Mit welchen Methoden wollen Sie zum Ziel kommen? Haben Sie ein klassisches Meeting, bei dem jeder nur einfach (samt Bild) zu Wort kommt? Oder wollen Sie ein Brainstorming machen, mit Standard-Templates arbeiten, vielleicht ein zusätzliches Tool einsetzen? Das müssen Sie vorher klären und dementsprechend planen und vorbereiten.

Klar ist: Je interaktiver Sie werden, umso komplexer wird es. Nutzen Sie daher besser ein digitales Whiteboard. Falls Sie Ihr gewohntes Daily-Stand-up jetzt komplett online machen, spielt es natürlich eine große Rolle, welches Tool Sie einsetzen. Was häufig übersehen wird: Wie fit die Teilnehmenden sind, um das Tool auch wirklich zu nutzen.

Generell sollten Sie den Ausbildungsaufwand, um interaktive Meetings durchzuführen, eher höher einschätzen. Das gilt insbesondere dann, wenn Sie Whiteboard-Lösungen einsetzen. Wenn Sie selbst schon Experte sind in der Nutzung von Tools wie MURAL, Miro etc., unterschätzen Sie möglicherweise den Aufwand, den es bedarf, um Ihre Kolleginnen und Kollegen oder externe Teilnehmende mit dem Tool vertraut zu machen.

Manche Unternehmen haben sinnvollerweise bereits entschieden, mit welchen Tools gearbeitet wird. Dazu gibt es dann spezielle Schulungen, sodass Sie dann auch davon ausgehen können, dass Ihre Teilnehmenden diese Schulung auch besucht haben. Wie immer bedeutet das nicht, dass auch wirklich alle gut mit dem Tool umgehen können. Insofern gilt: Je fitter Sie digital sind und je besser Sie bereits ein neues Tool beherrschen, umso weniger wahrscheinlich ist, dass Sie die Anlernphase für die Teilnehmenden richtig einschätzen. Dann geht im Meeting unglaublich viel Zeit verloren, um die Kolleginnen und Kollegen mit dem Tool vertraut zu machen. Wenn Sie ein Whiteboard-Tool nutzen, weisen Sie in der Einladung darauf hin und sorgen Sie im Zweifelsfall vorher für die entsprechende Ausbildung. Tolle Tools, die nur Sie beherrschen, spontan in einem Meeting zu nutzen, funktioniert eher nicht.

WER NIMMT AN IHREM MEETING TEIL?

Die Frage nach dem digitalen Reifegrad der Teilnehmenden haben wir gerade schon beleuchtet. Die Teilnehmenden mögen Ihnen aus Präsenz-Meetings gut vertraut sein. Doch die Live-Online-Situation verändert die Konstellation. Einige, die sonst eher dominant sind, halten sich vielleicht jetzt zurück, weil sie mit der Technik nicht klarkommen. Das ist Gefahr wie Chance zugleich. Machen Sie daher den Reifegradcheck aus Kapitel 1, und überlegen Sie, wie Sie auf das Ergebnis reagieren müssen.

WELCHE HILFSMITTEL BENÖTIGEN SIE?

Wenn Sie ein Präsenz-Meeting durchführen, werden Sie den Raum buchen, dafür sorgen, dass alle Getränke haben, vielleicht ein Flipchart vorbereitet haben, ein paar Pinnwände, einen Beamer usw. Das Gleiche machen Sie online, nur dass Sie jetzt kein reales Flipchart, keinen Beamer, keine Pinnwände brauchen und die Getränke auch nicht zentral geordert werden. Aber Sie werden Online-Umfragen einsetzen, Ihr bevorzugtes Whiteboard-Tool, Sie brauchen vielleicht ein paar Präsentationen bzw. werden einige der Teilnehmenden etwas präsentieren. Nur um die Getränke müssen Sie sich nicht kümmern, es sei denn, um Ihre eigenen. All das will also vorbereitet sein, so wie bei einem guten Präsenz-Meeting.

WER ÜBERNIMMT DIE MODERATION?

Bei jedem Meeting sollte klar sein, wer die Moderation übernimmt. Hier gilt die alte Regel, nach der der höchste Dienstgrad bzw. die oder der Einladende automatisch moderiert, schon lange als überholt. Nicht erst seit Corona. Im Idealfall haben Sie eine neutrale Moderation. Das ist natürlich eher eine Regel für ein kreatives Meeting, in dem Sie zum Beispiel neue Lösungen für eine aktuelle Herausforderung erarbeiten. Beim Daily-Stand-up werden Sie wahrscheinlich keine externe Moderation haben. In unserem Unternehmen haben wir eingeführt, dass die Moderation des Daily-Stand-ups rotiert. Klar gibt es Leute, die die Moderation besonders gut können, aber möglicherweise ist es Ihr Ziel, dass alle im Team nach und nach ihre Moderationskompetenz verbessern. Falls Sie Führungskraft sind, hüten Sie sich davor, Ihre Meetings stets selbst zu moderieren.

Das alles gilt genauso für Live-Online-Meetings. Sie sehen, alle grundsätzlichen Themen bei der Vorbereitung und Durchführung eines guten Meetings gelten genauso online wie in der Offline-Welt. Aber ein paar Besonderheiten gibt es natürlich:

WELCHES TOOL WÄHLEN SIE?

Die Wahl des Virtual-Meeting-Tools ist natürlich äußerst wichtig. Zum Teil wird Ihnen diese Entscheidung durch Ihr Unternehmen bzw. den Kunden, mit dem Sie das Meeting vereinbart haben, abgenommen. In solchen Fällen müssen Sie dann ein bestimmtes Tool verwenden. Falls Sie die freie Wahl haben, hilft Ihnen unser Überblick über die gängigsten Tools in Kapitel 2 weiter.

Der größte Fehler, den Sie bei Meetings machen können, ist das Fehlen von Spielregeln. Das gilt auch für Live-Online-Meetings.

WER UNTERSTÜTZT DIE MODERATION?

Außer der Moderatorin bzw. dem Moderator gibt es noch andere Rollen, die klar besetzt sein müssen. Wer betreut die Technik? Wer kümmert sich um den Chat? Bitte übernehmen Sie diese Aufgaben nicht allesamt selbst. Multitasking ist ein Mythos. Für Live-Online-Trainings und -Workhops empfehlen wir immer die verbindliche Rolle einer technischen Moderation. Das wäre auch für Meetings gut, ist aber unrealistisch. Sie können sich als Moderatorin oder Moderator jedoch Unterstützung holen und schon in der Vorbereitung oder in der Eröffnungsphase klären, wer den Chat betreut und wer die Ergebnisse protokolliert. Das alles neben der Moderation zu leisten, ist unrealistisch.

WIE SEHEN DIE SPIELREGELN AUS?

Der größte Fehler, den Sie bei Meetings machen können, ist keine Spielregeln zu vereinbaren. Das gilt auch für Live-Online-Meetings. In den meisten Unternehmen gibt es für Präsenz-Meetings Spielregeln, die oft auch verschriftlicht wurden. Wir hatten einmal einen Kunden, bei dem saß eine hochrangige Führungskraft regelmäßig vor einem Plakat lehrbuchgerechter Meeting-Regeln. Nur leider verstieß er (ja, es war natürlich ein Mann) fast gegen alle zehn Regeln gleichzeitig, ohne dass sich jemand traute, darauf hinzuweisen. Regeln allein sind nicht die Lösung aller Meeting-Probleme. Aber sie schaffen einen Rahmen, auf den Sie sich berufen können. In Live-Online-Meetings gelten Standards wie zuhören, ausreden lassen, eine Agenda haben, vorbereitet sein, pünktlich anfangen etc. genauso wie in einem Präsenz-Meeting. Neue Spielregeln betreffen zum Beispiel das Einschalten der Kamera, die Nutzung des Chats oder die Art, wie Wortmeldungen angezeigt werden.

Grundsätzlich sollten Sie mit Ihren speziellen Online-Spielregeln folgende Themen klären:

1. Fokus auf das aktuelle Meeting. Das betrifft den Umgang mit parallelen Geräten, Benachrichtigungen, Abwesenheitsassistenten, E-Mails etc. Dieser Punkt ist essentiell. Sollte ein Teil der Teilnehmenden parallel mit anderen Dingen beschäftigt sein, wird Ihr Meeting nicht funktionieren.

2. Kamera einschalten. Wenn Sie zum Beispiel Kameramuffel im Team haben, die gerne unsichtbar bleiben, sollten Sie das Einschalten der Kamera zum Bestandteil Ihrer Meeting-Etikette machen. Wir haben aber oft Probleme mit dem Internet, werden Sie vielleicht jetzt sagen. Stimmt, das ist in Deutschland leider eher die Regel als die Ausnahme. Aber Sie können beispielsweise vereinbaren, dass jeder zu Beginn oder bei eigenen Wortmeldungen kurz die Kamera einschaltet.

3. Nutzung des Chats. Welche Beiträge sollen explizit nur im Chat gepostet werden? Sind bilaterale Chats erlaubt?

4. Wortbeiträge anmelden. Nutzen Sie das virtuelle Handzeichen, sind klassische Handzeichen erlaubt oder sogar erwünscht?

5. Protokollieren und dokumentieren. Ein sehr wichtiges Thema, da es die generelle kollaborative Zusammenarbeit betrifft. Oft wird hier der unterschiedliche digitale Reifegrad der Mitarbeitenden ungenügend berücksichtigt. Wenn Sie beispielsweise festlegen, dass alle Dokumente aus dem Meeting, als auch Ihr Ergebnisprotokoll, das hoffentlich nur ein Maßnahmenplan ist, im Teams-Channel gespeichert wird, müssen auch alle Teilnehmenden damit vertraut sein. Gerade bei diesem Thema kommt es auf die Routine im Umgang mit den oft neuen Tools an. Mangelnde Skills in der Beherrschung eigentlich guter Tools führen oft zu redundanter und damit ineffizienter Kommunikation. „Das Protokoll vom letzten Meeting habe ich nicht bekommen!", empört sich dann gerne eine Führungskraft im digitalen Reifegrad „Einsteiger". Ehrlicherweise hätte er oder sie sagen müssen: „Ich habe noch nicht verstanden, wo ich das Protokoll jetzt finde." Sie erinnern sich vielleicht noch an den Dreisatz Mindset, Skillset, Toolset. Bei den Spieregeln geht es um Mindset und Skillset, damit Ihr neues Tool auch optimal genutzt wird.

Wie immer gilt: Verhaltensänderung funktioniert leider nicht über Verkündung. Meeting-Spielregeln müssen diskutiert, vereinbart und ihre Umsetzung trainiert werden.

Hier finden Sie eine Auflistung nützlicher Spielregeln und die Anleitung für ein Meeting zum Thema „Spielregeln in Live-Online-Meetings".

 Mehr Infos hier im Blog
live-goes-online.de

Ein paar gängige Spielregeln für Live-Online-Meetings:

- Wir schalten die Kamera ein.
- Wir schalten das Mikro auf stumm, wenn wir nicht sprechen.
- Wir haben alle anderen Kommunikationskanäle während des Meetings abgeschaltet und unseren Abwesenheitsassistenten eingeschaltet.
- Wortmeldungen werden mit dem virtuellen Handzeichen angemeldet.
- Wir nutzen nur den Chat für Fragen und Kommentare.
- Das Ergebnisprotokoll wird im Chat gepostet.

Chat-Funktion

Eine der Besonderheiten von Live-Online-Meetings: Sie haben die Möglichkeit, einen offiziellen Nebenkanal zu eröffnen, in dem die Teilnehmenden Fragen stellen und Hinweise geben können. Das ist ein bisschen so wie die Seitengespräche in einem realen Präsenz-Meeting. Vorteil der Chat-Funktion ist aber, dass in der Regel niemand durch Tuscheln gestört wird. Der Chat sollte sinnvoll genutzt werden. Auch hierfür brauchen Sie Spielregeln. Je nachdem, welches Tool Sie nutzen, können Sie im Chat entscheiden, ob es sich um eine Nachricht, eine Frage an alle Teilnehmenden oder nur an einzelne handelt. Auch dabei ist zu klären, wie generell mit dieser Möglichkeit umgegangen werden sollte. Eventuell kann es zu Unmut oder Konflikten führen, wenn Teilnehmende sich untereinander Nachrichten senden. Erinnern Sie sich nur mal an das Zettelweitergeben damals in der Schule. Die Inhalte waren ja nicht immer freundlich oder konstruktiv. Nicht in allen Tools können Sie das komplett steuern oder verhindern. Deshalb also im Zweifelsfall in den Spielregeln vereinbaren, ob persönliche Nachrichten erlaubt sind oder nicht.

Kamera an/aus?

Wann entscheiden Sie sich ganz bewusst dafür, mit oder ohne Videofunktion zu telefonieren? Wenn Sie mit einem Menschen einfach kurz etwas klären wollen, werden Sie vielleicht Ihr Smartphone zücken und ein normales Telefonat ohne Video durchführen. Wenn Sie das von Ihrem Desktop-Rechner oder Ihrem Laptop machen, auf dem Sie eine Anwendung wie Skype, Teams oder Zoom nutzen, ist die Entscheidung zwischen Videotelefonie oder nur Telefon ohne Bild schon eine bewusste Abwägung in Sachen Emotionalität – und damit eine Frage der kommunikativen Spielregeln und Kompetenz. Denn was Ihnen als eine rein pragmatische Entscheidung erscheinen mag (Video brauche ich hier nicht), stellt sich für Ihr Gegenüber möglicherweise als eine bewusste Form der Distanzierung dar (kein Blickkontakt, keine Wertschätzung).

Übertrieben sensibel, werden Sie jetzt vielleicht denken. Doch der Umgang mit den neuen Tools und Möglichkeiten hat automatisch auch eine kommunikationspsychologische Komponente. Diese zu beherrschen und bewusst einzusetzen, ist eine neue kommunikative Kompetenz, die in Zeiten der Live-Online-Kommunikation eine wichtige Schlüsselqualifikation darstellt.

Haben Sie alle Punkte der Checkliste geklärt, sind Sie bereit für das Meeting. Die nächste Phase beginnt.

DIE ERÖFFNUNG

BEGRÜßUNG

In der Regel treffen die Teilnehmenden nach und nach im virtuellen Meeting-Raum ein. Es gilt also erst einmal, jeden einzeln zu begrüßen. Sobald alle eingeladenen Teilnehmenden präsent sind, sollte die Moderation das Meeting mit einer offiziellen Begrüßung eröffnen.

VORSTELLUNG

Hier entscheidet der Kontext. Kennen sich alle Teilnehmenden bereits gut, entfällt dieser Part. Ansonsten ist es sinnvoll, dass sich jeder Teilnehmende kurz selbst vorstellt oder die bzw. der Einladende dies erledigt.

ZIEL UND NUTZEN

Wie in jedem guten Präsenz-Meeting auch, sollte zu Anfang klar gemacht werden, warum man überhaupt zusammengekommen ist. Bringen Sie also kurz auf den Punkt, worum es geht: „Wir wollen in den nächsten 30 Minuten das Projekt durchsprechen und gemeinsam entscheiden, an welchen Stellen noch Optimierungen nötig sind."

SPIELREGELN

Falls es noch keine Moderation gibt, sollte diese Rolle nun zugeteilt werden. Die jeweilige Person hat dann die Aufgabe, die Spielregeln zu erklären bzw. sie mit allen Teilnehmenden zu definieren. Natürlich macht das nur Sinn, wenn es sich um eine etwas längere Besprechung handelt. In Routine-Meetings werden die Regeln bereits bekannt sein.

ERWARTUNGEN

Nehmen wir an, Sie sind die moderierende Person. Dann sollten Sie sich zu Beginn des Meetings ein Bild davon machen, welche Erwartungen die Teilnehmenden an das Treffen haben. Falls die geäußerten Erwartungen zu stark vom Inhalt und der Zielsetzung des Meetings abweichen, können Sie an dieser Stelle noch einmal nachjustieren.

AGENDA

Wie jedes professionelle Meeting sollte auch ein Live-Online-Meeting eine Agenda haben, die kurz vorgestellt wird. Spätestens jetzt können sich alle noch einmal davon überzeugen, im richtigen Meeting zu sein. Kleiner Tipp: Überlegen Sie, ob wirklich alle Teilnehmenden bei jedem Punkt anwesend sein müssen. Sie können zum Beispiel zu jedem Agendapunkt schreiben, wer dabei sein sollte. Es ist auch möglich, die einzelnen Tagesordnungspunkte von unterschiedlichen Personen moderieren zu lassen. Die Agenda sollte zwischen den Rollen differenzieren: Wer macht die inhaltliche, wer die technische Moderation? Und wer ist inhaltlich für welchen Tagesordnungspunkt verantwortlich?

PHASE 3:
DER HAUPTTEIL

Der Hauptteil eines Live-Online-Meetings kann sich sehr unterschiedlich gestalten. Es macht einen großen Unterschied, ob Sie ein Regel-Meeting veranstalten, in dem jeder kurz den Status seines Projekts vorstellt. Oder ob Sie in einem Kreativ-Meeting ein grundlegendes Problem beschreiben und analysieren wollen, um dann Lösungsideen zu entwickeln, über die Sie anschließend entscheiden.

Vielleicht besteht der Hauptteil auch aus unterschiedlichen Formaten, zum Beispiel gibt es erst eine Bestandsaufnahme, dann wird etwas präsentiert usw. So betrachtet lässt sich ein Meeting gar nicht mehr richtig von einem Workshop unterscheiden. Heutzutage gibt es sehr viele Meetings, bei denen verschiedene Formate miteinander vermischt werden. Wir haben quasi Meeting-Präsentation-Workshop-Verhandlungen. Was bedeutet, dass Sie, wenn Sie moderieren, in all diesen Formaten fit sein müssen.

REGEL-MEETING

Schauen wir uns zunächst ein normales Regel-Meeting an, das nun live und online stattfindet. Zum Beispiel ein Status-Meeting. Es sollte gut vorbereitet sein, eine Agenda und klare Spielregeln haben. Ihre Aufgabe besteht darin, die Tagesordnung abzuarbeiten und für die Einhaltung der Spielregeln zu sorgen. Achtung, während des Meetings könnten Kommunikationsnebenkanäle eröffnet werden. Gerade Teilnehmende, die digital ziemlich fit sind, starten gerne bilaterale Chats mit anderen Teilnehmenden. Das ist aber genauso wenig konstruktiv wie Nebengespräche in Präsenz-Meetings.

Für Stimmungstests zwischendurch nutzen Sie den Chat oder Abstimmungs-Tools. So können Sie Entscheidungen herbeiführen, Meinungen erfragen und alle Teilnehmenden miteinbeziehen, sodass sich niemand geistig ausklinkt.

Apropos Stimmung: Im Chat werden für Live-Online-Meetings die üblichen Emojis angeboten. Im Hauptbildschirm gibt es meist nur das Handzeichen. Hier kann es sinnvoll sein, Abstimmungs- und Pausenzeichen oder spezielle Emojis als Ausdrucksmöglichkeiten parat zu haben.

Albrecht-BOX

MEETING BLEIBT MEETING (FREI NACH FRAU COHN)

Ruth Cohn, eine der Wegbereiterinnen der humanistischen Psychologie, entwickelte in den 50er-Jahren das Modell der sogenannten themenzentrierten Interaktion. Es bezog sich auf die Arbeit in Gruppen und diente auch als Grundlage für die in den 60er- und 70er-Jahren entwickelte Moderationsmethode. Die Grundidee einfach erklärt: Wenn Menschen in Gruppen zusammenkommen, gibt es immer ein Thema, einen Anlass, ein Ziel. Alles dreht sich um den Ausgleich zwischen dem Einzelnen mit seinen Bedürfnissen und seiner aktuellen Situation und der Gruppe in ihrer aktuellen Situation, und das unter den jeweiligen Rahmenbedingungen. Die TZI-Regeln vom gegenseitigen Zuhören, Sich-ausreden-Lassen, dem Vorrang von Störungen und der Notwendigkeit, einen Ausgleich zu schaffen zwischen dem Thema, den individuellen Bedürfnissen und der Gruppe unter den jeweiligen Rahmenbedingungen, haben auch bei Live-Online-Meetings erstaunliche Aktualität. Die Rahmenbedingungen haben sich eben jetzt geändert. Die Technik, das Tool kommt dazu. Aber die Notwendigkeit des Ausgleichs besteht nach wie vor wie in jedem anderen Meeting auch. Und dass Störungen Vorrang haben, ist angesichts von knarzenden Headsets, Hintergrundgeräuschen oder anderen technischen Problemen aktueller denn je.

Wesentlich komplexer sieht die Sache aus, wenn es in Ihrem Live-Online-Meeting um die Lösung von Problemen geht bzw. um die Entwicklung von kreativen Ideen. In diesen Fällen werden Sie wahrscheinlich andere Tools einsetzen – Whiteboard-Lösungen, die in Ihrem Virtual-Meeting-Tool bereits integriert sind, oder Sie wechseln zu anderen Tools.

Wenn Sie zusätzliche Tools, vor allen Dingen Whiteboard-Tools, verwenden wollen, sind der digitale Reifegrad und die Erfahrung in der Nutzung solcher Tools nicht nur bei Ihnen, sondern auch den Teilnehmenden, extrem wichtig. Whiteboard-Tools wie MURAL, Miro oder Conceptboard stellen eine große Hilfe dar und bieten vielfältige Möglichkeiten, sie können aber auch schnell überfordern. Den Einsatz eines solchen Tools sollten Sie mit Ihren Teilnehmenden im Idealfall üben, vielleicht durch ein Training. Auf jeden Fall sollten Sie selbst ein Training besucht haben, wenn Sie als Moderation ein solches Tool einsetzen. Die Durchführung einer richtigen Workshop-Phase erhöht natürlich die Vorbereitung Ihres Meetings gewaltig.

Probleme lösen wie Einstein

Wie gehen Sie nun vor? Halten Sie es mit Einstein: Wenn man eine Stunde für die Problemlösung hat, sollte man 55 Minuten über das Problem nachdenken und 5 Minuten über die Lösung. Besonders effektiv ist es, die Phasen des kreativen Problemlösungs-prozesses zu verteilen, um sie zum Teil asynchron bearbeiten zu lassen. Genau hierfür eignet sich das kollaborative virtuelle Arbeiten, von dem so viel geredet wird. Sie können Informationen zu einem Problem online an einem Ort zusammentragen, kommentieren, weiterentwickeln. Außerdem ist es möglich, über verschiedene Lösungen abstimmen zu lassen und Ideen online zu entwickeln.

Es gibt sogar Extra-Tools nicht nur zur Abstimmung, sondern auch fürs asynchrone Brainstorming. Solche Lösungen bieten den großen Vorteil, dass nicht mehr gegen die Regel verstoßen werden kann, die Ideen der anderen zunächst nicht zu kommentieren.

Hier in Kurzform der Ablauf einer kreativen Problemlösung:

Als erstes beschreiben Sie das Problem. Tragen Sie hierfür alles zusammen, was Sie über das Problem wissen.

Danach analysieren Sie das Problem. Wichtig dabei: Trennen Sie Symptome von Ursachen. Wenn Sie glauben, die Ursachen gefunden zu haben, dringen Sie zu den Kernursachen des Problems vor. Denn wenn Sie die Kernursache nicht gelöst haben, wird das Problem wieder auftauchen.

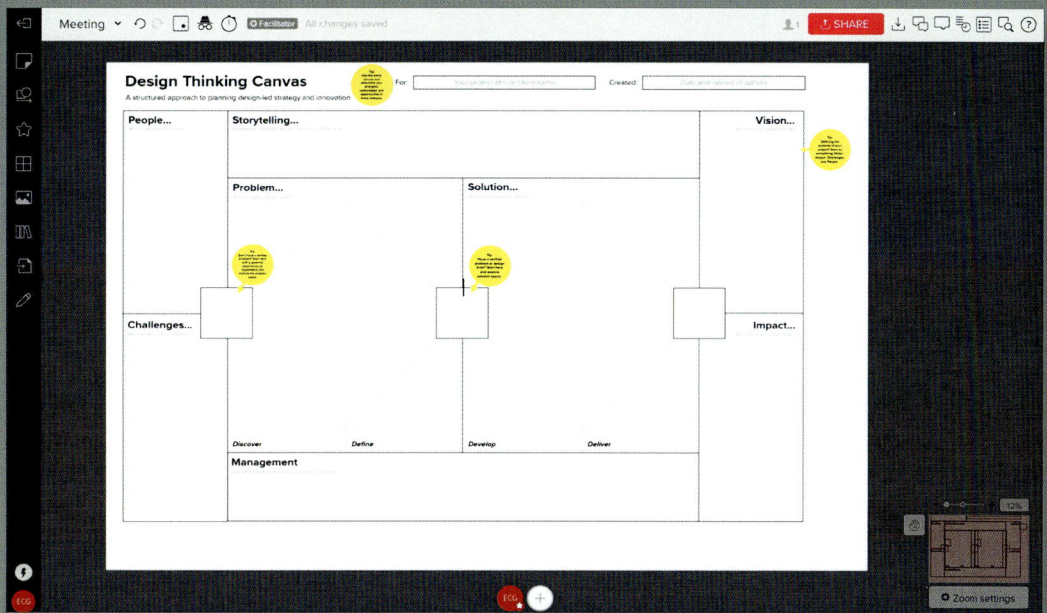

Screen von MURAL

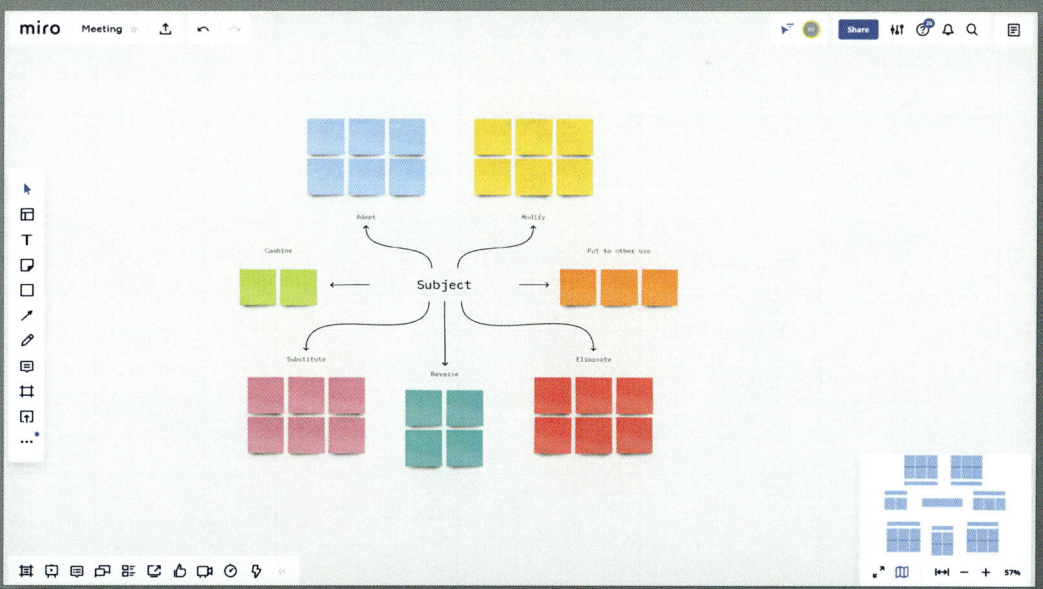

Screen von Miro

Ein Beispiel: Sie wollen die Kommunikation in Ihrem Unternehmen verbessern und schaffen deshalb ein neues Tool für Live-Online-Kommunikation an. Ihre Kommunikation bleibt jedoch ineffizient, weil die Kernursache im mangelnden Reifegrad vieler Mitarbeitender liegt. Erst wenn Sie diese Kernursache behandelt haben, können Sie von einem besseren, moderneren Tool mit mehr Möglichkeiten profitieren. Es gilt also, die Wurzel eines Problems wirklich zu erkennen und zu beseitigen.

Wenn Sie das Problem ausreichend analysiert haben, alle Ursachen und Kernursachen erkannt haben, können Sie Lösungsideen entwickeln. Dabei hilft ein Brainstorming, das wiederum mehrere Phasen hat. Erst werden Ideen gesammelt, in dieser Phase geht Masse vor Klasse. Alle Ideen sind erlaubt, ausdrücklich auch unrealistisch erscheinende (Wer entscheidet eigentlich, was unrealistisch ist oder unsinnig?). Genau aus diesem Grund gibt es die erwähnten Online-Tools für ein asynchrones Brainstorming oder ein Live-Brainstorming, das absolut anonym ist, damit Ideen nicht kommentiert werden können. Denn das hemmt die Kreativität.

Asynchron oder live brainstormen

In der zweiten Phase werden die vielen Ideen sortiert und bewertet. Dann erst folgen die Entscheidung und die Umsetzung samt Kontrolle. Analyse, Lösungssuche, Entscheidung und die weiteren Schritte sind strikt voneinander getrennte Prozesse.

PHASEN EINES BRAINSTORMINGS:

Überlegen Sie, welche Phasen Ihres Brainstormingprozesses vielleicht asynchron erfolgen können und nutzen Sie dafür geeignete Tools.

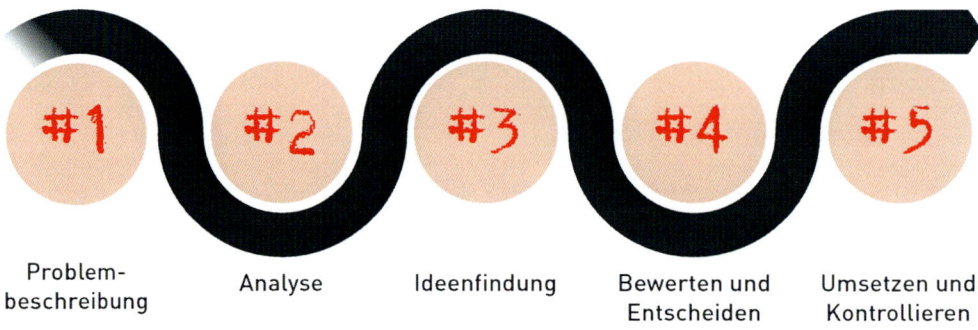

#1	#2	#3	#4	#5
Problem-beschreibung	Analyse	Ideenfindung	Bewerten und Entscheiden	Umsetzen und Kontrollieren

Praktisch könnte das so aussehen:

Ein Unternehmen mit 50 Mitarbeitenden möchte eine Regelung zum Thema Homeoffice beschließen. Dazu werden alle Mitarbeitenden per E-Mail zu einer Umfrage eingeladen. Die Projektverantwortlichen werten die Umfrage aus. Die Ergebnisse werden allen Teilnehmenden des Teamleiter-Meetings zur Verfügung gestellt. Anschließend tauschen diese über ein gemeinsames Dokument oder ein spezielles Tool ihre Meinung, ihre Ideen und weitere Fakten asynchron aus. Das verantwortliche Projektmanagement leitet daraus Entscheidungsoptionen ab, fasst diese in einer Matrix zusammen und stellt das Ergebnis entweder wieder allen zur Verfügung oder präsentiert das Ganze kurz in einem Live-Online-Meeting. Dann folgt eine (eventuell mehrwöchige) Diskussion und man trifft auf Basis der Erkenntnisse eine Entscheidung.

Ein solches Vorgehen ist natürlich auch in einem Präsenz-Meeting möglich, aber es erscheint logischer, Online-Informations- und -Abstimmungsmöglichkeiten zu nutzen, wenn das eigentliche Meeting, in dem die Entscheidung getroffen wird, ebenfalls online stattfindet. Auf diese Weise lässt sich ein Meeting, das sonst vielleicht mehrere Stunden gedauert hätte und eher ein Workshop gewesen wäre, sehr effizient verkürzen, ohne dass die Qualität der Entscheidung leidet.

Entscheidungen können so demokratisiert werden. Selbst in kleineren Unternehmen ist es jetzt möglich, ohne komplizierte Mitbestimmung alle Mitarbeitenden zu beteiligen. Und endlich kommen Tools, die schon lange vorhanden sind, sinnstiftend zum Einsatz.

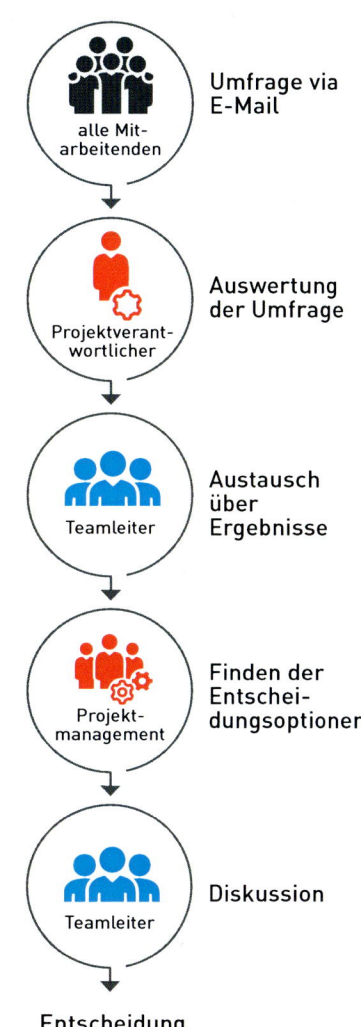

alle Mitarbeitenden — Umfrage via E-Mail

Projektverantwortlicher — Auswertung der Umfrage

Teamleiter — Austausch über Ergebnisse

Projektmanagement — Finden der Entscheidungsoptionen

Teamleiter — Diskussion

Entscheidung

WORKSHOPS – DIE LIVE-ONLINE-KÖNIGSKLASSE

WAS IST EIN WORKSHOP?

Häufig werden Formate als Workshop bezeichnet, die nicht wirklich ein Workshop sind. Bei Konferenzen ist es zum Beispiel üblich, eine Breakout Session so zu nennen. Doch meistens hält dann eine Fachperson einen Vortrag und am Ende gibt es eine Q&A, eine Fragerunde – so etwas ist kein Workshop.

Ein Workshop ist ein Veranstaltungsformat, in dem neue Ergebnisse erarbeitet, Probleme analysiert und Ideen entwickelt werden. Ein Workshop ist kreativ. Es gibt hinterher ein Ergebnis, das es ohne diesen Workshop nicht gegeben hätte und an dessen Entstehen alle Teilnehmenden beteiligt waren. Die Wikipedia-Definition ist eigentlich falsch. Da wird zum Beispiel behauptet, ein Workshop sei ein Synonym für Arbeitskreis, Kurs, Lehrgang oder Seminar. Wir sehen das komplett anders. Ein Workshop ist eine echte Werkstatt. Da wird gearbeitet und es wird etwas erstellt, erschaffen, das es ohne dieses Zusammenkommen nicht gegeben hätte.

Der Workshop als Werkstatt

UND WIE LÄUFT ER RUND?

Wer gute Workshops moderieren will, braucht eine solide Ausbildung, das richtige Material, den optimalen Raum und vorbereitete Teilnehmende. Das Gleiche gilt für Live-Online-Workshops. Ein interaktiver Live-Online-Workshop ist quasi die Königs-klasse der virtuellen oder Live-Online-Formate. Sie werden dafür wahrscheinlich spezielle Tools einsetzen, um in Gruppen zu arbeiten, Ergebnisse zu sammeln, Ideen zu entwickeln, diese zu bewerten etc. Unsere Empfehlung lautet: Definieren Sie genau, wie in Ihrem Unternehmen Live-Online-Workshops ablaufen und welche Tools verwendet werden. Wenn Sie zum Beispiel Microsoft Teams verwenden, gibt es dort ein typisches Whiteboard. Das ist nach und nach in der Funktionalität besser geworden, aber wenn Sie einen Design-Thinking-Profi in Ihrem Unternehmen fragen, welches Tool für Live-Online-Workshops empfehlenswert ist, wird sie oder er wahrscheinlich ganz andere Tools nennen. Wir wollen hier keine Tool-Debatte führen. Das machen wir in unserem Blog.

Gerade bei Workshops zeigt sich, dass es oft eine große Kluft gibt zwischen den Moderie-renden, die meistens sehr gut ausgebildet sind, sich umfassend informiert haben und ihre Lieblingstools bestens beherrschen, und den Teilnehmenden. In der Vorbereitung sollten Sie daher darauf achten, dass Sie Ihr Format optimal auf den digitalen Reifegrad Ihrer Teilnehmenden abstimmen.

Ein Workshop ist eine echte Werkstatt. Da wird gearbeitet und es wird etwas erstellt, geschaffen, das es vorher nicht gab.

Zeitmanagement ist wichtiger denn je, da Live-Online-Meetings oft eng getaktet sind.

PHASE 4:

DER AUSSTIEG

Der Hauptteil Ihres Meetings ist vorbei. Der nun folgende Ausstieg ist das Pendant zur Eröffnung. Zu klären ist: Wie geht es jetzt weiter? Wer macht was bis wann? Natürlich sollte es auch einen positiven emotionalen Abschluss geben.

Viele Live-Online-Meetings leiden darunter, dass einige wesentliche Teilnehmende sich pünktlich verabschieden, auch wenn das Meeting länger als geplant dauern sollte. Das ist sehr gefährlich. Insofern ist ein gutes Zeitmanagement notwendig. Im Idealfall posten Sie alle Ergebnisse des Meetings schon im Chat, sodass diese wirklich jedem vorliegen und alle beteiligt waren.

Am Ende gibt es vielleicht noch eine kurze Umfrage: Wie war das Meeting? Mit einem integrierten Umfrage-Tool können Sie in jedem Standard-Meeting eine Abfrage machen, wie das Meeting inhaltlich und auch emotional erlebt wurde. Es ist sinnvoll, Ihre Organisation daran zu gewöhnen, dass jedes Meeting von allen Teilnehmenden bewertet wird. Sie sollten als Standard definieren, wie diese Bewertung aussieht, zum Beispiel nach dem Vorbild des Net Promoter Scores: Würden Sie die Teilnahme an diesem Meeting weiterempfehlen? Die Skala reicht dann von 1 für sehr unwahrscheinlich bis 10 für sehr wahrscheinlich. Falls Sie keine Zeit für eine Abfrage haben, führen Sie zumindest ein Meeting mit dem Fingerscore durch, von 1 bis 5 („sehr unzufrieden" bis „sehr zufrieden").

Sie verabschieden sich, alle Teilnehmenden wählen sich aus dem Meeting aus. Jetzt beginnt die letzte Phase, nämlich die Nachbereitung.

DIE NACHBEREITUNG

Das Gute an Live-Online-Meetings ist, dass die Nachbe-reitung idealerweise viel einfacher und kürzer ist als bei einem Präsenz-Meeting, speziell für die Veranstaltenden, Einladenden, Moderierenden. Wenn Sie das Meeting gut vorbereitet und entsprechende Tools genutzt haben, hat die Dokumentation schon während des Meetings stattgefunden. Das Protokoll wurde am Ende des Meetings gepostet. Das wäre der Optimalfall.

Jetzt gilt es, noch einmal den digitalen Reifegrad Ihrer Teilnehmenden zu beachten. Eventuell müssen Sie die einzelnen Ergebnisse noch einmal zusammenfassen und per E-Mail versenden. Aber Vorsicht, ein solches Vorgehen macht gerade die Langsamen im digitalen Wandel faul in der eigenen Veränderung. Besser ist es, wenn Sie von vornherein vereinbart haben, dass in der Ausstiegsphase die Ergebnisse im Chat gepostet werden, zum Beispiel das Whiteboard des Protokollanten.

Gerade in der Nachbereitung von Meetings zeigen sich die Vorteile einer wirklich kollaborativen virtuellen Zusammenarbeit. Das setzt aber voraus, dass alle Beteiligten die vorhandenen Spielregeln beachten und die entsprechenden Tools auch beherrschen. Einmal eine Spielregel zu vereinbaren, reicht in der Regel nicht. Diese Dinge müssen trainiert werden.

Je diverser das Team, umso größer der Aufwand, um alle wirklich auf den gleichen Stand zu bringen. Die Nachbereitung der Meetings ist also nicht banal, sondern ein ganz entscheidender Punkt für Ihre künftige Meeting-Kultur. Nur wenn alle sich an die Regeln halten und die Tools beherrschen, können virtuelle Teams ihre Produktivität deutlich erhöhen. Sollten Sie den Prozess nach Beendigung des formalen Meetings nicht gut organisiert haben, werden viele Ergebnisse, so gut sie auch sein mögen, einfach im digitalen Orkus verschwinden.

Handout
Live-Online-Training mit
edutrainment
„Online Präsentieren"

Jannis-
BOX

NACHBEREITEN LEICHT GEMACHT

Je nachdem wie Sie Ihr Meeting gestaltet haben, gibt es verschiedene Möglichkeiten der „Instant-Nachbereitung":

- Wenn Sie ein Whiteboard innerhalb Ihres Virtual-Meeting-Tools (oder Drittanbieter-Tools) verwendet haben, können Sie entweder das als Bild gesicherte Werk (JPG oder PNG) in den Chat posten, oder aber einen Shareable Link erzeugen und diesen im Chat versenden.

- Sollten Sie eine Präsentation gehalten haben, können Sie diese im Chat direkt als PDF zur Verfügung stellen. Wichtig: Möglicherweise bietet es sich hier auch an, die Notizenansicht Ihrer PowerPoint-Präsentation als PDF zu exportieren (Folie + Notizenfeld). Das ist ein einfacher Weg, um nicht zwei Dokumente je Meeting oder Präsentation vorbereiten zu müssen, sondern Handout und Live-Präsentation in einem Dokument zu vereinen.

- Zu guter Letzt bietet sich ein Link zu einem Dropbox- oder OneDrive-Ordner o. Ä. an, in dem eine Zusammenfassung zum Beispiel als PDF enthalten ist.

Tipp: Sollten Ihre Teilnehmenden keinen Zugriff auf die im Chat geteilten Dokumente haben, liegt das vermutlich an nicht erteilten Berechtigungen innerhalb des Virtual-Meeting-Tools. Achten Sie deshalb schon vor dem Meeting auf ein genaues Berechtigungsmanagement und stimmen Sie sich im Bedarfsfall mit der IT ab.

SOS!

NOTFÄLLE IN LIVE-ONLINE-MEETINGS UND WIE MAN SIE LÖST

In Live-Online-Meetings kann viel passieren – aber leider nicht immer das, womit man gerechnet hat. Damit Sie trotzdem nicht ins Schwitzen geraten, haben wir die häufigsten Notfälle und ihre Lösungen für Sie gesammelt. So sind Sie bestens vorbereitet und können den allermeisten Ausnahmesituationen gelassen entgegenblicken.

NOTFALL 1:
IN DER LEITUNG RAUSCHT ES

Wie ärgerlich. Teilnehmende weisen Sie darauf hin, dass zusätzlich zu Ihrem normalen Audiosignal permanent ein Rauschen in Ihrer Leitung zu hören ist. Vermutlich kommt das durch die Lüftung Ihres Geräts. Diese läuft umso stärker, je intensiver der Prozessor belastet wird. Da Live-Online-Meetings teilweise sehr viel Rechenleistung erfordern, kann es da schon mal lauter werden. Zwei Dinge können Sie jetzt tun:

1. Stoppen Sie alle aktuell laufenden Hintergrundaktualisierungen. Dies ist eine Einstellung, die Sie auch in den Systemeinstellungen Ihres jeweiligen Geräts vornehmen können.

2. Schließen Sie über den Task-Manager alle anderen aktuell nicht notwendigen, laufenden Programme.

So sparen Sie Rechenleistung, und möglicherweise führt dies zu einem Abschwellen der Lautstärke durch Ihre Lüftung. Wenn es hart auf hart kommt, können Sie in Ihren Systemeinstellungen auch die jeweilige Hardwarekomponente temporär ausschalten. Dies empfehlen wir aber tatsächlich nur für den temporären Einsatz, da es ansonsten dem Prozessor Ihres Geräts schadet.

NOTFALL 2:
SCHLECHTER SOUND
ÜBERS HEADSET

Tech fail? Der sonst stets exzellente Ton, der über Ihr Bluetooth-Headset gesendet wird, klingt im Meeting erstaunlich schlecht. Oft liegt dieses Problem daran, dass das verwendete Tool bestimmte Grundeinstellungen für Audio-Übertragungen hat, die teilweise zu Problemen mit Ihrem gewohnten Bluetooth-Gerät führen. Der einfachste Weg wäre, den Audioausgang weiterhin über Ihr Headset zu regeln, aber den Audioeingang, also das, was Sie normalerweise in Ihr Mikrofon hineinsprechen, über das rechnerinterne Mikrofon auszugeben. Navigieren Sie dafür in die Geräteeinstellung oder die jeweiligen Systemeinstellungen Ihres Geräts und stellen Sie diese entsprechend ein.

NOTFALL 3:
EINWAHL INS MEETING
KLAPPT NICHT

Warten, warten, warten. Das Meeting-Pop-up-Fenster öffnet sich und Sie lesen: „Verbinden ..." Doch nichts passiert. Häufig haben Verbindungs- probleme wie diese mit der vorhandenen Internetverbindung zu tun. Rettungskniff für MS Teams: Beenden Sie das Programm nicht einfach nur über das Schließen-Symbol am oberen rechten Bildschirmrand, sondern idealerweise direkt über den Task-Manager. Bedenken Sie hierbei, dass es nicht reicht, MS Teams nur als aktiven Prozess zu schließen, sondern schließen Sie auch alle im Hintergrund laufenden Prozesse. So gewährleisten Sie, dass tatsächlich ein kompletter Neustart des Programms begonnen wird und nicht mit alten Cache-Daten gearbeitet wird.

Falls auch das nicht klappt, gibt es noch diesen Rettungstipp: Anstatt wie gewohnt das Meeting über den Desktop-Clienten eines Virtual-Meeting-Tools zu öffnen, wählen Sie die Browser- Variante. Die Funktionsauswahl ist dann etwas geringer, aber immerhin nehmen Sie am Meeting teil.

NOTFALL 4:
MIKROFON FUNKTIONIERT NICHT

Hallo, hallo?! Im Meeting stellen Sie fest, dass Ihr Mikrofon offenbar nicht funktioniert, denn die anderen können Sie nicht hören. Verzweifeln Sie nicht, sondern navigieren Sie in die Geräteeinstellungen Ihres jeweiligen Meeting-Tools. Überprüfen Sie zunächst, ob tatsächlich das entsprechende Mikrofon ausgewählt ist. Wollen Sie Ihr rechnerinternes Mikrofon verwenden, checken Sie, ob dieses in den Audioeinstellungen ausgewählt ist. Danach überprüfen Sie, ob Ihr Mikrofon funktioniert, sprich ein Signal sendet. Dies erkennen Sie meistens an der Voransicht unterhalb der Auswahlmöglichkeit. Dort zeigt Ihnen ein horizontaler Balken an, mit wie viel Audioeingang (Dezibel) Ihr Mikrofon gerade arbeitet.

Alternativ können Sie auch in die internen Systemeinstellungen Ihres jeweiligen Geräts gehen und dort die Audioeinstellungen prüfen. Sie haben die Möglichkeit, ein Mikrofon auszuwählen und auch zu testen.

Was tun, falls das Mikrofon wirklich defekt ist? Kurzfristige Abhilfe schafft die Einwahl per Telefon über die Meeting-Telefonnummer mit entsprechender Meeting-ID. So können Sie das Audiosignal über Ihr Telefon empfangen und senden und wie gewohnt mit Ihrer Kamera am Meeting teilnehmen.

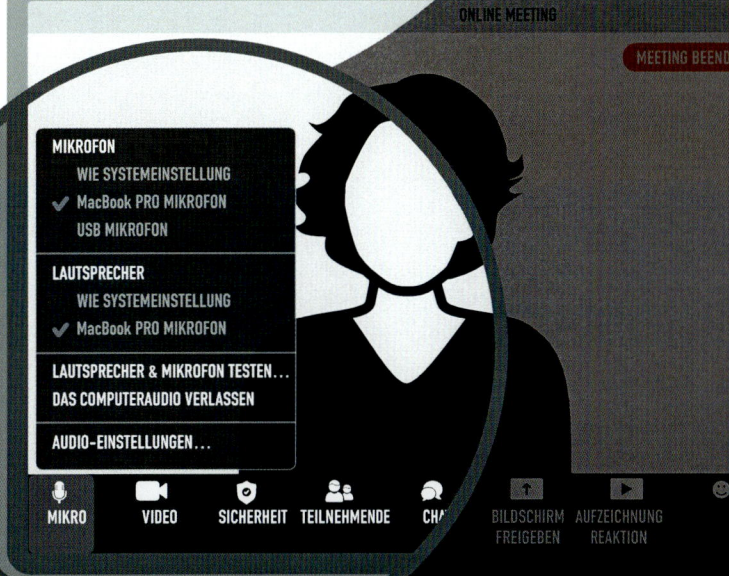

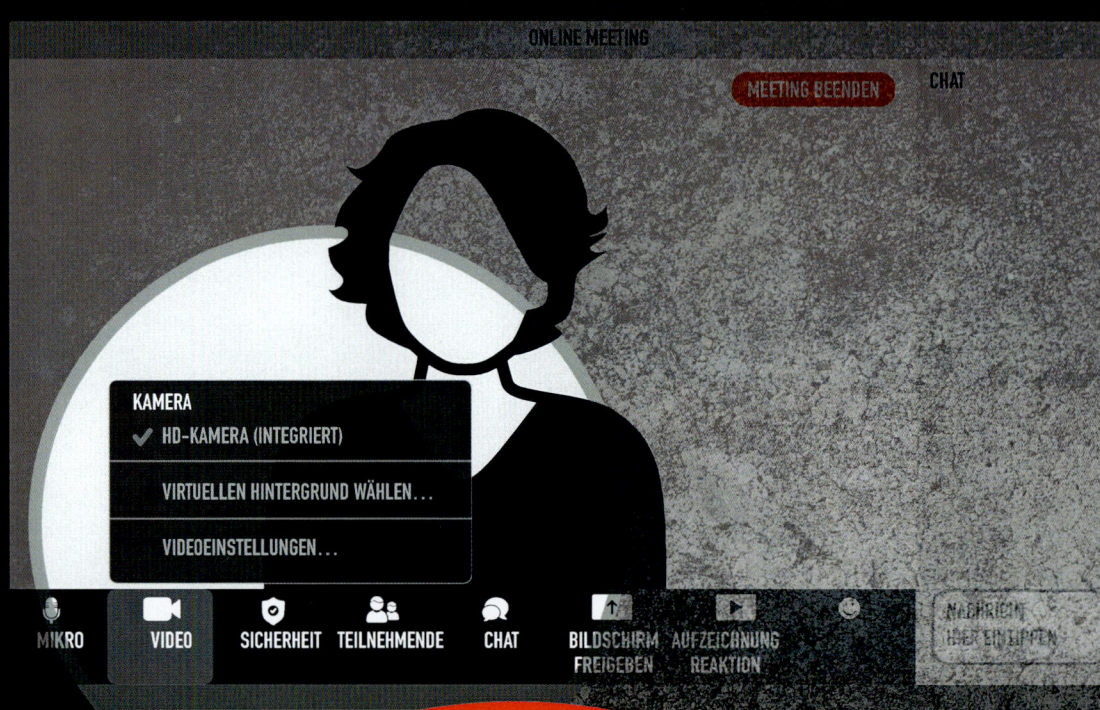

MEETING BEENDEN   CHAT

KAMERA
✔ HD-KAMERA (INTEGRIERT)

VIRTUELLEN HINTERGRUND WÄHLEN...

VIDEOEINSTELLUNGEN...

MIKRO   VIDEO   SICHERHEIT   TEILNEHMENDE   CHAT   BILDSCHIRM FREIGEBEN   AUFZEICHNUNG REAKTION

NACHRICHT HIER EINTIPPEN

NOTFALL 5:
KAMERA FUNKTIONIERT NICHT

Kein Bild? Keine Sorge! Auch hier gilt wie beim Thema fehlendes Audio: Bewahren Sie Ruhe und navigieren Sie in die Geräteeinstellungen innerhalb Ihres Tools. Überprüfen Sie, ob die richtige Kamera ausgewählt ist. Sollte augenscheinlich alles korrekt eingestellt sein, prüfen Sie als Zweites, ob ein Soft- oder Hardwarefehler vorliegt. Meistens hängt ein fehlendes Videobild aber damit zusammen, dass sich zwei Virtual-Meeting-Tools, die wir nutzen, in Ihrer Funktionsweise „überlappen" und parallel Ihre Kamera verwenden.

In diesem Fall machen Sie dies:

- Schließen Sie alle nicht im Moment notwendigen Virtual-Meeting-Tools oder Digital-Webcam-Tools, die Sie auf Ihrem Device installiert haben.
- Navigieren Sie dafür in den Task-Manager und überprüfen Sie, ob parallel zu Ihrem aktuellen Virtual-Meeting-Tool weitere Tools aktiv sind bzw. im Hintergrund laufen.
- Deaktivieren Sie diese Tools sofort.

Sollte all dies nicht geholfen haben, ist Ihre interne Webcam möglicherweise grundsätzlich von Ihrer Unternehmens-IT gesperrt. Fragen Sie dann an den entsprechenden Stellen nach.

NOTFALL 6:
EIGENE INTERNETVERBINDUNG
ZU SCHWACH

Schneckentempo auf dem Datenhighway. Sollten Sie innerhalb eines Meetings feststellen, dass Ihre Internetverbindung schwächelt, weil möglicherweise zu viele Kolleginnen und Kollegen oder Ihre Familienangehörigen parallel arbeiten, downloaden oder Serien streamen, gibt es für Sie zwei Optionen:

#1 Verbinden Sie sich mit Ihrem Router über ein LAN-Kabel statt per WLAN. In einer ruhigen Minute nach dem Meeting überprüfen Sie in den Einstellungen Ihres Routers, auf welcher Frequenz Sie aktuell senden. Möglicherweise überlappen sich die Signale verschiedener Router in Ihrem Haus bzw. Ihrer Umgebung. Wechseln Sie auf eine Frequenz, die weniger genutzt wird.

#2 Sparen Sie Bandbreite, indem Sie Ihre Kamera nur bei eigenen längeren Wortbeiträgen und zum Schluss des Meetings anschalten. So nehmen Sie weiterhin aktiv am Meeting teil, zeigen sich auch mit Ihrem Kamerabild, selbst bei holpriger Internetverbindung. Natürlich sollten Sie die anderen Teilnehmenden zuvor mündlich oder per Chat informieren.

WLAN-LOCH STATT WOLKENBRUCH

Was ist das Smalltalk-Thema Nummer 1? Das Wetter. Eigentlich komisch, wir leben schon seit Langem nicht mehr in Höhlen, sind keine Bauern oder Bergwanderer, trotzdem sprechen wir dauernd und überall über das Wetter. Auch in Meetings oder am Telefon.

Und was ist das Live-Online-Pendant zum Thema Wetter? Die Internetverbindung. Es ist üblich geworden, am Anfang eines Live-Online-Meetings erst einmal gemeinsam darüber zu lamentieren, wie die aktuelle Internetgeschwindigkeit ist, ob das Tool gerade funktioniert usw. So löst das Palavern über Bandbreiten, technische Störungen und instabiles WLAN das Fabulieren über Sonne, Graupelschauer und Föhn ab. Wetter-Smalltalk 2.0 sozusagen.

Mein Netz ist heute schlecht drauf.

Teams nervt mich schon den ganzen Tag.

Unser Router spinnt gerade.

Netflix-Time, da läuft mal wieder alles im Schnecken-tempo.

Nee, nee, mit den Einstellungen stimmt alles.

Also das WLAN hier im Zug ist wirklich nicht der Brüller.

Ich sag nur Neuland Internet.

In Litauen haben die überall Glasfaser.

Habt Ihr schon das neue Update?

MEETING-CARDS

Mit unseren Meeting-Cards sorgen Sie für klare Ansagen (und jede Menge Spaß) im Live-Online-Meeting. Einfach downloaden, ausdrucken und loslegen.

Download hier: live-goes-online.de

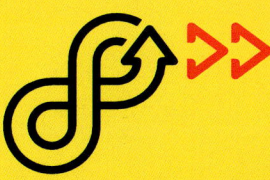

ELMO

ENOUGH!
LET'S MOVE ON

ICH BRAUCHE
STADION-ATMOSPHÄRE

ONLI

N E
5
präsentieren

INTENSIVER GEHT'S KAUM

DIE DREI HERAUSFORDERUNGEN DER LIVE-ONLINE-PRÄSENTATION

Live auf einem Präsenz-Event präsentieren, das machen Sie wahrscheinlich mit links. Ist eine Präsentation in einem Live-Online-Meeting wirklich so anders? Ja, sie ist wesentlich intensiver und damit selbst für Präsentationscracks alles andere als ein Kinderspiel. Drei große Herausforderungen gilt es zu meistern.

Geringe Aufmerksamkeitsspanne Die erste Herausforderung ist die geringe Aufmerksamkeitsspanne Ihres Publikums. Sie fällt noch einmal deutlich kürzer als bei einer Live-Präsentation im Präsenz-Meeting aus. Die Teilnehmenden haben die Möglichkeit, nebenbei ganz andere Dinge zu machen, sobald Ihre Präsentation sie nicht mehr fesselt. Sie holen sich einen Kaffee, shoppen online, massieren sich die Füße – während Sie schwitzen und sich fragen, ob Ihnen überhaupt jemand zuhört und zuschaut.

Womit wir bei der zweiten Herausforderung wären: dem mangelnden Feedback während Ihrer Präsentation. Wenn die Kameras Ihres Publikums nicht eingeschaltet sind und Sie die Teilnehmenden nicht sehen, ist das eine sehr ungewohnte Situation. Sie sprechen quasi ins Nichts, nur in Ihren Rechner bzw. in Ihre Kamera **Mangel an direktem Feedback** hinein und wissen nicht, wie gut das, was Sie gerade erzählen, ankommt. Selbst bewährte Gags funktionieren nicht so wie sonst. Wahrscheinlich sind alle Mikrofone Ihrer Teilnehmenden deaktiviert, Sie hören also auch keine Lacher, falls es welche geben sollte. Ausgeschaltete Mikrofone sind sinnvoll, um Störgeräusche zu minimieren. Aber die Atmosphäre ist dann ähnlich euphorisch wie bei den Geisterspielen in der Bundesliga. Sehr geübte Speaker sind dieser Herausforderung möglicherweise gewachsen. Sie könnten ihren Standardvortrag aus dem Stehgreif halten, selbst wenn sie nachts um 3:14 Uhr geweckt würden. Aber das ausbleibende Feedback reißt wahrscheinlich selbst sie aus der eisernen Routine.

Wie gehen Sie nun am besten mit dem Problem der geringen Aufmerksamkeit und der Frage des fehlenden Feedbacks um?

Zunächst sollten Sie Ihre Präsentation anders planen. Sie müssen sich deutlich kürzer fassen und gegebenenfalls (noch!) plakativer sein, als Sie das in einer Live-Präsentation sind. Im ersten Schritt heißt das: kürzen, kürzen, kürzen! Wenn Sie sonst 30 Minuten präsentieren, sollten Sie jetzt eher 15 oder 20 Minuten einplanen. Das bedeutet, Inhalte zu verdichten, fokussierter und zugespitzter zu formulieren, wie unter einem Brennglas. Das fällt Ihnen möglicherweise schwer, falls Sie ein Inhaltsexperte sind. Online müssen Sie sich noch stärker als für Live-Präsentationen vom geliebten FAZ-Niveau in Richtung der Sprache von Welt, Spiegel Online oder sogar Bildzeitung bewegen.

Auch dem Mangel an direktem Feedback lässt sich begegnen. In Live-Online-Präsentationen ist der Einsatz von Interaktion durch Umfragen mittlerweile geübte Praxis und auch akzeptiert. Einige Tools bieten Ihnen hier ein integriertes Umfrage- und Befragungsfeature. Sie können aber auch spezielle Tools unkompliziert in Ihre Präsentation einbauen. Für unmittelbares Feedback Ihrer Teilnehmenden ist selbstverständlich die Chat-Funktion von herausragender Bedeutung.

Apropos Chat, das ist die dritte große Herausforderung. Denn wenn Sie alleine präsentieren und gleichzeitig auch den Chat betreuen sollen, bräuchten Sie eine Kompetenz, die uns **Bitte kein Multitasking** Menschen laut Gehirnforschung nicht gegeben ist: die Fähigkeit zum Multitasking. Perfekt präsentieren, Ihre eigenen Inhalte im Blick behalten und die Teilnehmenden im Chat betreuen, ist nicht wirklich möglich. Im Idealfall haben Sie deshalb eine zweite Person dabei, die für den Chat zuständig ist. Das kann entweder jemand aus Ihrem Präsentationsteam sein, oder es handelt sich um eine feste Rolle, die Sie in Ihren Live-Online-Meetings vergeben. Die oder der Moderierende des Chats sollte dann auch das Recht haben, steuernd einzugreifen. Hier kommt es auf die Spielregeln an, die für das Meeting gelten, in dem Sie präsentieren. Diese haben selbstverständlich einen großen Einfluss auf Ihre Präsentation.

Wie bei den anderen Formaten auch, können wir die Live-Online-Präsentation in fünf Phasen aufteilen. Für jede Phase erhalten Sie Tipps fürs richtige Vorgehen und Bessermachen.

IN DIESEN FÜNF PHASEN LÄUFT DIE PRÄSENTATION AB

PHASE 1:

DIE VORBEREITUNG

Fragen Sie sich vor jeder Präsentation: Was will ich erreichen? Mit welchen Mitteln? Vor welchem Zielpublikum? Unter welchen Rahmenbedingungen? Eine Präsentation sollte ein Geschenk sein, schließlich kommt der Name vom lateinischen praesentare. Präsentationen, die einfach nur Dinge darstellen und das Publikum vor die Frage stellen, warum es sich das Ganze antun muss, braucht kein Mensch. Meistens dienen Präsentationen im Businesskontext dem Zweck, eine Entscheidung herbeizuführen. Es geht zum Beispiel um grünes Licht für ein neues Projekt, die Zustimmung für eine strategische Entscheidung, einen Verkaufsabschluss.

Die folgende Checkliste hilft Ihnen, sich professionell auf Ihre Live-Online-Präsentation vorzubereiten. Alle aufgeführten Fragen gelten grundsätzlich auch für Live-Präsentationen im Präsenzbereich. Nur behandeln wir sie hier mit dem Fokus auf Online-Gegebenheiten.

WAS IST IHR ZIEL?

Wollen Sie nur informieren, dann ist die Präsentation möglicherweise nicht der richtige Rahmen. Denn das könnten Sie genauso gut durch das Versenden eines Dokuments machen. Wahrscheinlich möchten Sie, dass Ihr Publikum nach Ihrer Präsentation irgendetwas tut, was es ohne Ihre Präsentation nicht gemacht hätte: Ihr Projekt unterstützen, mit Ihnen zusammenarbeiten, Ihnen einen Auftrag erteilen. Diese Zielsetzung sollten Sie für sich selbst klar definieren.

WAS IST IHR THEMA?

Worum geht es in Ihrer Präsentation? Was ist der Hauptinhalt? Falls Ihr Thema noch nicht ganz rund ist, spitzen Sie es zu. Denken Sie dran: Online müssen Sie noch fokussierter, noch klarer, noch plakativer sein.

WER IST IHRE ZIELGRUPPE?

Vor wem Sie präsentieren, sollte großen Einfluss auf die Art und Weise Ihrer Präsentation haben. In Kapitel 1 finden Sie Infos dazu, wie Sie Ihre Zielgruppe analysieren und einordnen. Eine besonders wichtige Frage ist dabei: Wie hoch ist der digitale Reifegrad Ihrer Zielgruppe? Präsentieren Sie vor ausgebufften Pioneers oder eher vor noch etwas tapsigen Late Followern?

WELCHE ERWARTUNGEN HAT DIE ZIELGRUPPE AN IHRE PRÄSENTATION UND IHR THEMA?

Machen Sie sich Gedanken zu möglichen Einwänden und differenzieren Sie Ihre Zielgruppe nach Entscheidern, Anwendern, möglichen funktionalen Bedenkenträgern. Recherchieren Sie Ihre Zielgruppe so gut wie möglich. Wenn es Führungskräfte oder Mitarbeitende aus dem eigenen Unternehmen sind, kennen Sie die Personen wahrscheinlich. Fragen Sie sich, welche persönlichen Präferenzen diese Personen womöglich haben. Vielleicht kennen Sie eines der üblichen Verhaltens- oder Persönlichkeitsprofilmodelle wie Disc oder Insights. Dann können Sie schon überlegen, wie die Verhaltenspräferenzen der einzelnen Teilnehmenden sind und sich je nach deren Bedeutung auf sie einstellen.

WIE VIEL ZEIT STEHT IHNEN ZUR VERFÜGUNG?

Wie bereits erwähnt: Live-Online-Präsentationen sind kürzer als Präsenz-Präsentationen. Statt der üblichen 20 oder 30 Minuten haben Sie während eines Live-Online-Meetings vielleicht nur 10 zur Verfügung. Dementsprechend müssen Sie Ihre Präsentation ganz anders anlegen. Knackiger, fokussierter, temporeicher.

WELCHES TOOL NUTZEN SIE?

Dieser Punkt ist super entscheidend, denn jedes Tool bietet andere Möglichkeiten. Voll im Trend liegen Sie derzeit mit Zoom und Microsoft Teams. Beide haben ihre Vor- und Nachteile. Aber es gibt auch einige interessante Alternativen, die wir Ihnen in Kapitel 2 gezeigt haben. Letztlich werden Sie wahrscheinlich in dem Tool präsentieren, das Ihr Unternehmen als Standard verwendet oder Ihr Auftraggeber bzw. Veranstalter vorgibt. Falls Sie das eingesetzte Tool nicht kennen, sollten Sie mindestens eine Übungssession einplanen. Meistens können Sie einen kostenlosen Probeaccount anlegen, sodass Sie nicht für alle Tools eine eigene Lizenz erwerben müssen. Das wäre doch ein wenig kostenintensiv.

WELCHE ZUSÄTZLICHEN HILFSMITTEL WOLLEN SIE EINSETZEN?

In einem Live-Online-Meeting nutzen Sie wahrscheinlich die in Ihrem Unternehmen übliche Präsentationssoftware. Wichtig: Die Folien müssen wirklich Live-Folien sein, das heißt mit weniger Inhalten und einer klaren visuellen Sprache. Schlau ist, wenn Sie einen Medienwechsel machen und zum Beispiel einen Flipchart, eine Dokumentenkamera oder ein Tablet, auf dem Sie live zeichnen können, einsetzen. So können Sie einen entscheidenden Unterschied machen, gerade wenn andere in Ihrem Kontext immer nur die üblichen PowerPoint-Präsentation halten. Je nachdem, welche zusätzlichen Tools Sie einsetzen, müssen Sie hier auch Übungszeit einplanen. Das erhöht natürlich den Vorbereitungsaufwand.

WELCHE BESONDEREN RAHMENBEDINGUNGEN GILT ES ZU BEACHTEN?

Thema Anwesenheit: Falls Sie wissen, dass einige besonders wichtige Teilnehmende vielleicht nicht die ganze Zeit dabei sein werden, müssen Sie sich darauf entsprechend vorbereiten.

Knackpunkt Internetverbindung: Die Qualität bzw. Stabilität der Verbindung sollte für Ihre Präsentationsanforderungen ausreichen.

Schließlich das technische Setup: Für eine professionelle Präsentation brauchen Sie ein absolutes Profi-Setup. Hierzu finden Sie in Kapitel 7 einige Anregungen.

WELCHE EINSTELLUNG HABEN SIE ZUM THEMA ONLINE-PRÄSENTIEREN?

Ja, hier geht es um das berühmte innere Mindset. Sind Sie eher aufgeschlossen gegenüber neuen Formen des Präsentierens? Eventuell sogar euphorisch? Oder hegen Sie eher Zweifel und tun sich noch etwas schwer mit der Umstellung? Eine professionelle Einstellung kann hier nicht schaden. Betrachten Sie die Live-Online-Präsentation als Chance und agieren Sie entsprechend.

WIE PRÄSENTIEREN SIE SICH SELBST?

Haare, Kleidung, Make-up, Mimik, Haltung. Für Ihre Live-Online-Präsentation sollten Sie im bestmöglichen Zustand sein. Also professionell und angemessen gekleidet, ausgeruht, mental fokussiert. Und natürlich mit einem Setup, das Sie wirklich unterstützt. Wertvolle Tipps zu diesen Punkten gibt es in Kapitel 3.

WIE SIEHT DAS SETTING IHRER PRÄSENTATION AUS?

Schaffen Sie ein optimales Umfeld für Ihre Präsentation und klären Sie die Rollen während des Meetings und der Präsentation. Welche Person moderiert Sie an? Und wie wollen Sie anmoderiert werden? Falls Sie die Chat-Funktion nutzen (was wir Ihnen empfehlen): Wer betreut den Chat? Und, je nach Setting, wer unterstützt Sie technisch und hilft Teilnehmenden, die technische Hilfe brauchen? Je sorgsamer Sie all das im Voraus regeln, umso besser können Sie sich auf Ihre Präsentation konzentrieren.

> **Das war die Checkliste. Sobald Sie alle Punkte abgehakt haben, sollten Sie testen, ob alles passt.**

MACHEN SIE EINEN PROBELAUF

Das ist das Gute an Live-Online-Präsentationen. Wenn Sie eine PowerPoint-Präsentation verwenden, können Sie mit der Funktion „Bildschirmpräsentation aufzeichnen" eine Aufzeichnung Ihrer Präsentation machen. Bei ihr wird, sofern Sie die aktuelle PowerPoint-Version nutzen, auch Ihr Bild aufgezeichnet. Die ideale Möglichkeit also, Ihre Präsentation zu üben. Sie erkennen, wie Ihre Performance im Bild wirkt. Und sie kriegen ein Gefühl dafür, ob Ihr Auftritt in Kombination mit Ihren Folien wirklich funktioniert.

PHASE 2:

DIE ERÖFFNUNG

Eine gute Präsentation, ob real oder virtuell, lebt von einem gekonnten Einstieg und einem gelungenen Schluss – nicht nur auf der sachlichen, sondern auch auf der emotionalen Ebene. Immerhin handelt es sich ja nicht um eine reine Informationsweitergabe, sondern um einen sozialen und kommunikativen Austausch zwischen Menschen.

Mit zutiefst menschlichen Dingen sollten Sie auch bei Ihrer Live-Online-Präsentation rechnen. Zum Beispiel gibt es besonders im Business-Kontext viele Leute, die bei Präsentationen eine eher kritisch-gespannte Ausgangshaltung an den Tag legen. Sprich: Sie warten nur darauf, etwas Negatives an Ihnen und Ihren Inhalten zu entdecken.

Gerade die ersten Minuten Ihrer Präsentation zählen daher. Überlassen Sie nichts dem Zufall. Eine professionelle Eröffnung macht Eindruck und nimmt überkritischen Teilen Ihres Publikums den Wind aus den Segeln.

BEGRÜßUNG

Wenn Sie innerhalb eines Meetings präsentieren, ist die Begrüßung möglicherweise schon zu Beginn erfolgt. Es kommt auf den Rahmen an, ob Sie wirklich eine formelle Begrüßung brauchen.

VORSTELLUNG

Auch hier kommt es auf den Kontext, die Runde der Teilnehmenden an: Ist die Vorstellung überhaupt nötig? Falls ja, sollten Sie einen guten Text für Ihre Vorstellung parat haben, gegebenenfalls auch eine spezielle Folie. Die eigene Vorstellung ist nämlich nicht so banal, wie viele denken. Zu empfehlen ist ein 30- bis 45-Sekunden-Text, in dem Sie sich und Ihre Expertise für das Thema sympathisch und professionell vorstellen. Tipp: Üben Sie diesen Part gründlich und holen Sie sich Feedback.

ZIEL UND NUTZEN

In vielen Präsentationen wird vergessen, am Anfang zu sagen, warum es sich lohnt, bis zum Ende dabei zu sein. Sagen Sie also ganz kurz: Was ist das Ziel Ihrer Präsentation? Und was ist der Nutzen für die Teilnehmenden? Zum Beispiel: „In den folgenden 15 Minuten erhalten Sie einen Überblick über den aktuellen Projektstatus, um dann besser entscheiden zu können, wie viel Budget in die Fortsetzung des Projekts investiert werden sollte."

AGENDA

Meistens ist es sinnvoll, auch bei einer Präsentation eine Agenda zu haben. Oft wird diese aber schon Teil der Meeting-Agenda sein. Auf jeden Fall sollten Sie kurz erwähnen und vielleicht auch visualisieren, was Ihr Publikum erwartet. Selbst wenn im Vorfeld alles perfekt vorbereitet war, so könnte doch in unserer schnelllebigen Zeit eine vorab versendete Agenda schon wieder überholt sein.

SPIELREGELN

Wenn Sie im Rahmen eines Meetings präsentieren, sind die Spielregeln wahrscheinlich schon von der Moderation erklärt worden. Sie können aber gerne noch einmal auf die Spielregeln verweisen und festlegen, ob Zwischenfragen erlaubt sind oder nicht. Gegebenenfalls verweisen Sie auf den Chat oder kündigen an, dass es zwischendurch Umfragen geben wird. Für diese Informationen ist eine spezielle Folie sinnvoll.

ERWARTUNGEN

Falls nicht schon am Anfang des Meetings passiert, sollten Sie jetzt noch einmal kurz die Vorkenntnisse und Erwartungen der Teilnehmenden abklopfen. Oder Sie stellen dar, was aus Ihrer Sicht die Erwartungen der Teilnehmenden sind, auf die Sie sich vorbereitet haben. Dann bitten Sie darum, sich sofort zu melden, falls es komplett andere Erwartungen gibt.

PHASE 3:

DER HAUPTTEIL

Jetzt geht es um den eigentlichen inhaltlichen Part. Wie schon mehrfach erwähnt, müssen Sie Ihre Inhalte in einer Live-Online-Präsentation noch fokussierter darstellen. Gutes Storytelling ist wichtiger denn je. Sie brauchen einen packenden Einstieg, eine klare Argumentation, eine deutliche Nutzendarstellung für Ihre Zielgruppe und einen gelungenen Abschluss. Alles Punkte, die für jede Präsentation gelten, online aber noch relevanter sind.

Worauf kommt es noch an? Hier ein paar wichtige Dinge, die Ihnen weiterhelfen:

LIVE-FOLIEN

Eine Live-Folie ist eine Drei-Sekunden-Folie, das heißt, in drei Sekunden sollte man erfassen, worum es geht. Folien für Live-Präsentationen – ob im Präsenz- oder Live-Online-Meeting – sollten vor allen Dingen visuell wirken. Wenn der Folienmaster Ihres Unternehmens eine solche Präsentation nicht vorsieht, sollten Sie zumindest plakative Kapitelfolien einbauen. Danach können Sie ruhig ein paar sachlichere Folien zeigen, die auch mehr Text enthalten.

DIE 7 GRUNDREGELN FÜR GUTE LIVE-FOLIEN

REGEL #1

Jede Folie besteht aus einer Headline, idealerweise einem Bild und maximal einem kurzen Text.

DER HAUPTTEIL

FOKUSSIERT, SPANNEND UND NUTZENORIENTIERT

REGEL #2

Jede Folie hat maximal eine Botschaft oder eine Bedeutung.

REGEL #3

Die Headline nimmt Bezug auf die Botschaft oder Bedeutung der Folie.

REGEL #4

Das Publikum kann die Folie schneller lesen und verstehen, als die jeweilige Vortragszeit für diese Folie dauert.

REGEL #5

Jede Folie enthält maximal drei kurze Punkte, die in einer logischen Reihenfolge stehen.

Jede Folie kann in maximal drei Sekunden verstanden werden.

Mehrere Varianten der Grundfolie sollten sich abwechseln.

Zum Beispiel

- Variante 1 nur mit Titeltext.
- Variante 2 nur mit großflächigem Bild.
- Variante 3 mit Bild und ergänzendem Text.
- Variante 4 mit ein bis drei Bildern plus kurze Texte.

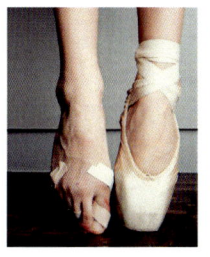

Das ist ein Beispiel für die Variante 3

Bild und ergänzender Text. Bild und ergänzender Text. Bild und ergänzender Text. Bild und ergänzender Text. Bild und ergänzender Text. Bild und ergänzender Text. Bild und ergänzender Text.

Das ist ein Beispiel für die Variante 4

Ein bis drei Bilder plus kurze Texte. Ein bis drei Bilder plus kurze Texte. Ein bis drei Bilder plus kurze Texte.

Ein bis drei Bilder plus kurze Texte. Ein bis drei Bilder plus kurze Texte. Ein bis drei Bilder plus kurze Texte.

Ein bis drei Bilder plus kurze Texte. Ein bis drei Bilder plus kurze Texte. Ein bis drei Bilder plus kurze Texte.

MORPHEN SIE SCHON?

Jannis-BOX

Morphing gibt es nicht nur in Sci-Fi-Serien, sondern auch bei PowerPoint. Statt einzelne Inhalte mühsam zu animieren oder die Aufmerksamkeit durch den Mauszeiger zu lenken, können Sie das alles wesentlich professioneller und eleganter über die Funktion „Morphen" erledigen. Was passiert beim Morphen? Einfach erklärt: PowerPoint erkennt, dass sich eine Form, ein Bild, ein Text von einem Ort auf einer Folie zu einem anderen Ort auf der nächsten Folie bewegt hat. Den Verlauf dieser Bewegung simuliert das Programm nun beim animierten Übergang der beiden Folien. Das sieht nicht nur gut aus, sondern verbessert auch den Flow Ihrer Präsentation – Ihr Publikum wird es lieben. Damit der Morph-Übergang klappt, müssen beide Folien mindestens ein gemeinsames Objekt aufweisen. Die Funktion „Morphen" finden Sie in PowerPoint unter dem Menüpunkt „Übergänge". Viel Spaß beim Ausprobieren.

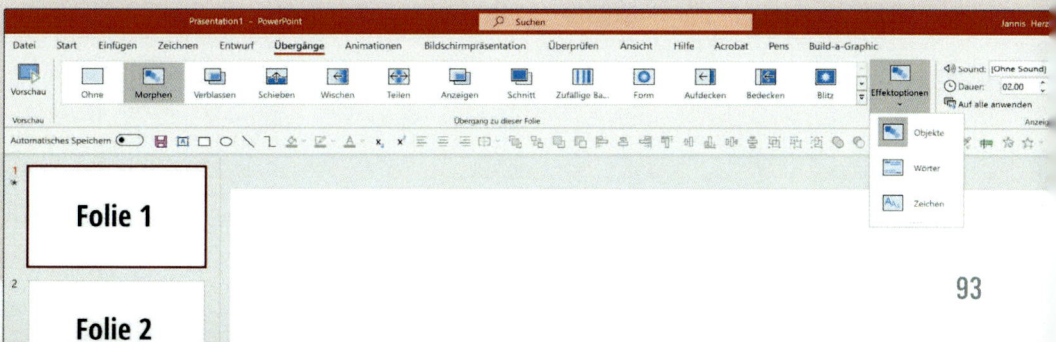

UMFRAGEN

Um Interaktion in Ihre Präsentation einzubauen, eignen sich Umfragen. Hier können Sie ganz einfach den Chat verwenden, indem Sie eine Frage stellen und die Teilnehmenden Ihre Antworten im Chat posten. Oder Sie nutzen ein Umfragetool. Entweder eins, das in Ihr Virtual-Meeting-Tool integriert ist. Dafür müssen Sie die Umfragen natürlich entsprechend vorbereitet haben. Oder Sie binden eins der gängigen Online-Umfrage-Tools wie Mentimeter ein. Ob das sinnvoll ist oder nicht, hängt natürlich vom digitalen Reifegrad Ihrer Teilnehmenden ab.

UMFRAGEN LEICHT GEMACHT: ZWEI TOOLS FÜR MEHR DURCHBLICK

Sie wollen in Echtzeit Online-Umfragen in Meetings, Präsentationen oder ähnlichen Settings durchführen? Dann bietet sich **Mentimeter** an. Falls Ihnen Live-Abfragen nicht so wichtig sind, könnte **Typeform** für Sie interessant sein. Die Unterschiede und Vorteile der beiden Tools im Überblick:

MENTIMETER

Starten Sie klassische Umfragen mit verschiedenen Auswahlmöglichkeiten. Geben Sie Ihren Teilnehmenden die Möglichkeit, mithilfe von Freitext-Eingabefeldern ganze Sätze oder Fragen zu formulieren. Sammeln Sie Fragen, Ideen oder Anregungen von Ihren Teilnehmenden und reagieren Sie darauf – alles live.

Wie funktioniert's?

Im Prinzip erstellen Sie in Mentimeter eine kleine Präsentation. Auf jeder einzelnen Folie Ihrer Präsentation können Sie aus verschiedenen Umfrageformen (Q&A, Abstimmung o. Ä.) auswählen. Haben Sie Ihr Umfrageformat ausgewählt, ergänzen Sie Ihre Frage in der Headline. Sollten Antwortmöglichkeiten vorhanden sein, fügen Sie diese auf der Folie ein. **Dann bereiten Sie Mentimeter auf den Live-Einsatz vor:** Verwenden Sie den Play-Button, um Ihre Umfrage zu starten, und warten Sie dann auf den passenden Moment in Ihrem Meeting, um Ihren Bildschirm zu teilen. So sehen die Teilnehmenden nun die Folie Ihrer Umfrage-Präsentation – und können darauf reagieren. Hierfür besuchen die Teilnehmenden die Website www.menti.com und geben ihre individuelle Umfrage-Pin ein, die auf jeder Folie zu sehen ist. Nun haben sie die Möglichkeit, ihre Antworten einzutippen oder aus verschiedenen Antwortmöglichkeiten auszuwählen.

Der Vorteil von Mentimeter: Die Abstimmungsergebnisse und die Freihandfragen der Teilnehmenden sind in Echtzeit auf Ihrem geteilten Bildschirm (Ihrer Admin-Ansicht) für alle Teilnehmenden und auch für Sie selbst jederzeit zu sehen.

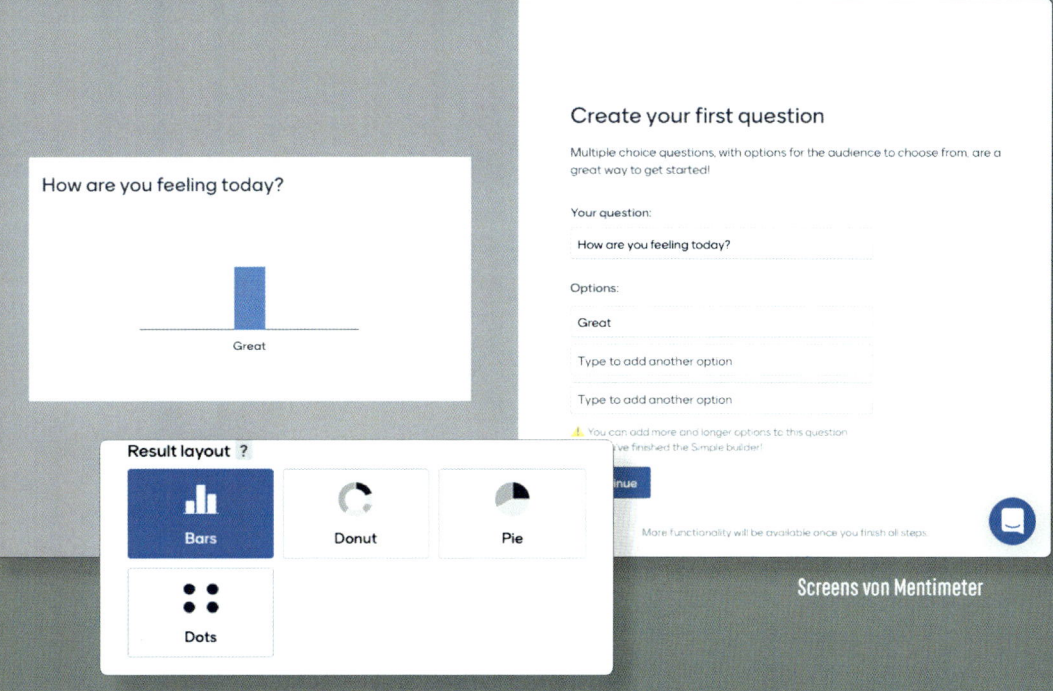

Screens von Mentimeter

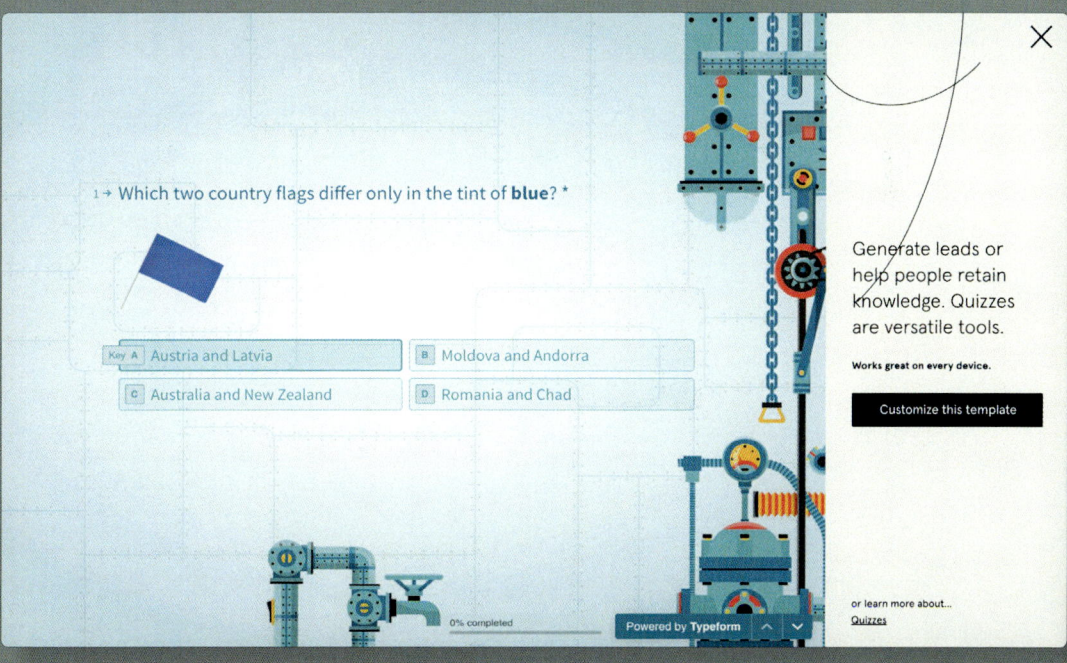

Screen von Typeform

TYPEFORM

Typeform ist ein Online-Umfrage-Tool, das sowohl durch ein elegantes und ansehnliches Design als auch viele Möglichkeiten in der Automatisierung von Marketingprozessen oder anderen Informationsprozessen besticht.

Führen Sie Vorab-Umfragen für Live-Online-Trainings oder -Meetings durch, zum Beispiel um Erwartungen abzufragen oder Inhalte für Ihr Training oder Meeting festzulegen? Hier ist Typeform ideal. Für spontane Live-Abfragen innerhalb eines Meetings oder einer Präsentation eignet es sich weniger.

Wie funktioniert's?

Wie auch in Mentimeter erstellen Sie vorab in der Editoren-Ansicht eine neue Umfrage. Im Editoren-Baukasten können Sie aus verschiedenen Umfragearten, Designs und weiteren Verlinkungen und Automatisierungen auswählen.

Im Gegensatz zu Mentimeter wird Ihre Umfrage nicht als Präsentation dargestellt, sondern als eine Art Landingpage, auf der die Teilnehmenden linear von Frage zu Frage geführt werden.

Wenn diese die Umfrage abgeschlossen haben, werden Ihnen die Antworten sowohl per E-Mail als auch in der Browseransicht gesammelt zusammengefasst. Sie können die Antworten, Erwartungen etc. Ihrer Teilnehmenden exportieren und in der für Sie benötigten Darstellung bearbeiten. Um die Ergebnisse mit Ihren Teilnehmenden zu teilen, versenden Sie die Umfrage direkt innerhalb des Tools per E-Mail. Oder Sie generieren über die Funktion Shareable Link einen Link, der die Teilnehmenden auf Ihre Umfrage führt.

VIRTUELLER HINTER-GRUND

In vielen Virtual-Meeting-Tools haben Sie die Möglichkeit, einen virtuellen Hintergrund zu nutzen.

In der einfachsten Variante können Sie Ihren **Hintergrund weichzeichnen** – schon sieht man Ihr unaufgeräumtes Regal nicht mehr.

In der zweiten Variante können Sie **ein eigenes Hintergrundbild** wählen und damit zum Beispiel die Anmutung eines Büros oder einer anderen Umgebung vermitteln.

In der dritten Variante haben Sie die Möglichkeit, eine **Hintergrundfolie** zu zeigen, die Ihren Firmenauftritt unterstützt, also Ihr Corporate Design, Ihr Name und Ihre Funktion.

In der vierten Variante geht es darum, im **Hintergrund Ihre Folien** zu präsentieren. Das können Sie entweder direkt in Ihrem Tool machen, dann müssen Sie allerdings immer wieder über das Menü die einzelnen Folien austauschen. Oder Sie nutzen ein spezielles Tool, das beim entsprechenden Hintergrund mit einer weißen Wand und einer guten Beleuchtung genauso gut funktioniert wie mit einem professionellen Greenscreen.

> Passen Sie dafür Ihre Folien an

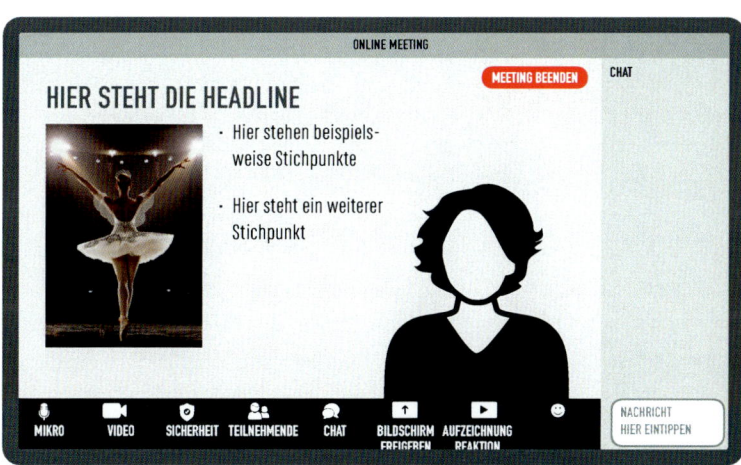

Bearbeiten Sie Ihre Folien, damit die Inhalte sichtbar und lesbar angeordnet sind.

Für den professionellen Auftritt im Vertrieb ist ein perfekter virtueller Hintergrund fast schon zwingend. Bei internen Präsentationen mutet er möglicherweise übertrieben an. Aber genau dadurch können Sie einen Effekt erzielen. Hier müssen Sie selbst entscheiden, was zur Situation, der Unternehmenskultur und Ihrem Präsentationsstil passt. Falls Sie sich gerade fragen, wie das nochmal mit den virtuellen Hintergründen funktioniert, empfehlen wir einen Blick auf die Seiten 38 im Kapitel 3. Dort finden Sie nochmal eine Schritt-für-Schritt-Anleitung.

BILDSCHIRM TEILEN

Beim Präsentieren im Präsenz-Meeting läuft die Folienpräsentation auf einem Screen ab. Sie stehen daneben, Ihr Publikum schaut (idealerweise) abwechselnd auf Sie oder die Folien und interagiert mit Ihnen. Wenn alles gut läuft, nickt, lacht oder applaudiert es. Wenn es eher schlecht läuft, gähnt es oder starrt vor sich hin. Bei einer Live-Online-Präsentation teilen Sie Ihren Bildschirm in der Regel, um Ihre Folien zu zeigen. Es sei denn, Sie verwenden ein Tool wie ChromaCam, das Bild-in-Bild-präsentieren erlaubt. Sobald Sie Ihren Bildschirm teilen, sehen Sie Ihre Teilnehmenden nicht mehr und können also auch nicht mehr deren Reaktionen wahrnehmen. Die Teilnehmenden wiederum sehen Ihre Präsentation vollflächig und hören nur noch Ihre Stimme. Ein solches Setting hat seine Tücken. Hier ein paar Tipps, wie Sie am besten damit umgehen:

`Bild-in-Bild mit ChromaCam`

VISUELL ODER AUDITIV AUSGERICHTET PRÄSENTIEREN

Sollen die Bilder, Zahlen oder sonstigen Inhalte, die Sie vermitteln wollen, auf Ihren Folien im Vordergrund stehen, und Sie wollen nur auditiv ergänzen? Oder geht es Ihnen darum, dass Ihre Präsentation lediglich visuell untermauert, was Sie sagen und mitzuteilen haben? Je nach Zielsetzung sollten Sie Ihre Präsentation ausrichten bzw. entsprechend anpassen.

ZWISCHENDURCH SELBST WIEDER IN DEN VORDERGRUND TRETEN

Versetzen Sie sich in die Perspektive Ihres Publikums und überlegen Sie genau, was es zu jedem Moment in der Präsentation sehen soll. Ist es wirklich notwendig, dass es weiterhin auf ein und dieselbe Folie schaut, obwohl Sie deren Inhalt und Botschaft schon längst erklärt haben? Falls Ihr Beitrag zur Folie länger dauert als Ihre eigentliche Erklärung, könnten Sie das Bildschirmteilen beenden und damit wieder sich selbst in den Vordergrund rücken.

AUFMERKSAMKEIT GEZIELT LENKEN

Bei jeder Präsentation gibt es Momente, in denen Sie gezielt die Aufmerksamkeit Ihrer Zuschauenden auf einen bestimmten Part Ihrer Folie lenken wollen. Zum Beispiel mithilfe eines Klickers, der einen bestimmten Teil hervorhebt, indem er die Umgebung ausgraut. Oder ganz klassisch mit dem guten alten Laserpointer. Bei einer Live-Online-Präsentation können Sie das auch. Nur weil der Bildschirm so überschaubar zu sein scheint, bedeutet das noch lange nicht, dass Ihr Publikum genau dorthin schaut, wohin Sie es wollen. Steuern Sie also weiterhin gezielt die Aufmerksamkeit Ihrer Zuschauenden. Leider bieten die meisten gängigen Meeting-Tools in der Bildschirm-teilen-Funktion keine Möglichkeit, mit einer Art Highlight-Stab die Aufmerksamkeit auf einen bestimmten Teil Ihrer Folie zu lenken. Dennoch haben Sie mindestens zwei Möglichkeiten, um gezielt zu steuern, was Ihre Zuschauenden zum jeweiligen Moment sehen sollen:

Die einfachste Art der Steuerung der Aufmerksamkeit der Zuschauenden ist, sie zu jedem beliebigen Zeitpunkt nur exakt das sehen zu lassen, was sie auch sehen sollen – und zwar die visuelle Unterstützung dessen, was Sie gerade eben gesagt haben. Hierfür animieren Sie die **Folien gekonnt animieren** einzelnen Bestandteile Ihrer Folie entsprechend der Chronologie Ihres Inhaltes und blenden dann per Klick über die Pfeiltaste Ihres Laptops oder per Klick auf Ihrem Klicker für Ihre Präsentation den entsprechenden Teil ein.

Als zweite Möglichkeit funktionieren Sie Ihren Mauszeiger zu Ihrem Highlight-Stab um. Denn wenn Sie Ihren Bildschirm teilen und eine Präsentation zeigen, wird Ihren Teilnehmenden und Zuschauenden weiterhin Ihr Mauszeiger auf Ihrem Bildschirm angezeigt. Justieren Sie diesen nun in den Systemeinstellungen sowohl in Größe als auch Farbe um auf die maximale Größe und eine besonders prägnante Farbe wie Grüngelb oder Orange. Schon können Sie mittels des besonders auffälligen Mauszeigers gezielt die Blicke Ihres Publikums lenken.

RICHTIG STARTEN

Und noch ein guter Tipp für die Vorbereitung: Starten Sie Ihre Präsentation schon vor der eigentlichen Präsentation in der Bildschirmpräsentationsansicht, damit Sie nicht, sobald Ihr Beitrag an der Reihe ist, in der normalen Bearbeitungsansicht starten und dann in die Bildschirmpräsentation wechseln müssen. Das wirkt professioneller und sorgt für einen reibungslosen Auftakt.

Jannis-
BOX

PST, EIN PAAR HIGHLIGHTS FÜR IHRE BILDSCHIRMPRÄSENTATION

Schon mal den Laserpointer oder die Lupe während einer Bildschirmpräsentation mit PowerPoint verwendet? Falls Ihre Antwort nein lautet, liegt es vielleicht daran, dass Sie die entsprechenden Funktionen noch gar nicht gefunden haben. Ich verrate Ihnen, wo sie sind: Wenn Sie bei Ihrer nächsten Bildschirmpräsentation Ihren Mauszeiger ein wenig in die linke untere Ecke bewegen, erscheinen dort mehrere Symbole. Und was nun?

Tipp 1: Laserpointer bzw. Lupe einsetzen

Den Laserpointer finden Sie, indem Sie im Präsentationsmodus auf das Stift-Symbol unten links in Ihrer Bildschirmleiste klicken. Sie können nun zwischen Laserpointer, Textmarker oder Stift wählen. Sollten Sie die Nutzung einer der drei Funktionen beenden wollen, drücken Sie die Escape-Taste. Rechts neben dem Stift-Symbol finden Sie ein Lupen-Symbol. Wenn Sie auf dieses Symbol klicken, verwandelt sich Ihr Mauszeiger in einen Highlight-Stab. Mit ihm können Sie einen bestimmten Bereich Ihrer Präsentation highlighten und den Rest ausgrauen. Ihre Maus wird zur Bildschirmlupe.

Was heißt das? Ein viereckiger Bereich rund um Ihren Mauszeiger kann herangezoomt und gehighlightet werden. So haben Sie die Möglichkeit, auch bei eher vollgepackten Folien einen bestimmten Bereich für Ihre Zuschauenden besonders hervorzuheben und die Aufmerksamkeit gezielt zu lenken.

Tipp 2: Laserpointer noch schneller starten

Wenn Sie den Laserpointer ohne viel Geklicke über die verschiedenen Symbolleisten starten wollen, können Sie Ihre Maus und eine bestimmte Taste auf Ihrer Tastatur verwenden. Drücken Sie hierfür auf Ihrer Tastatur die Steuerungstaste und zeitgleich die linke Maustaste, um Ihren Mauszeiger in einen Laserpointer zu verwandeln. Sobald Sie eine der beiden Tasten loslassen, verschwindet der Laserpointer wieder.

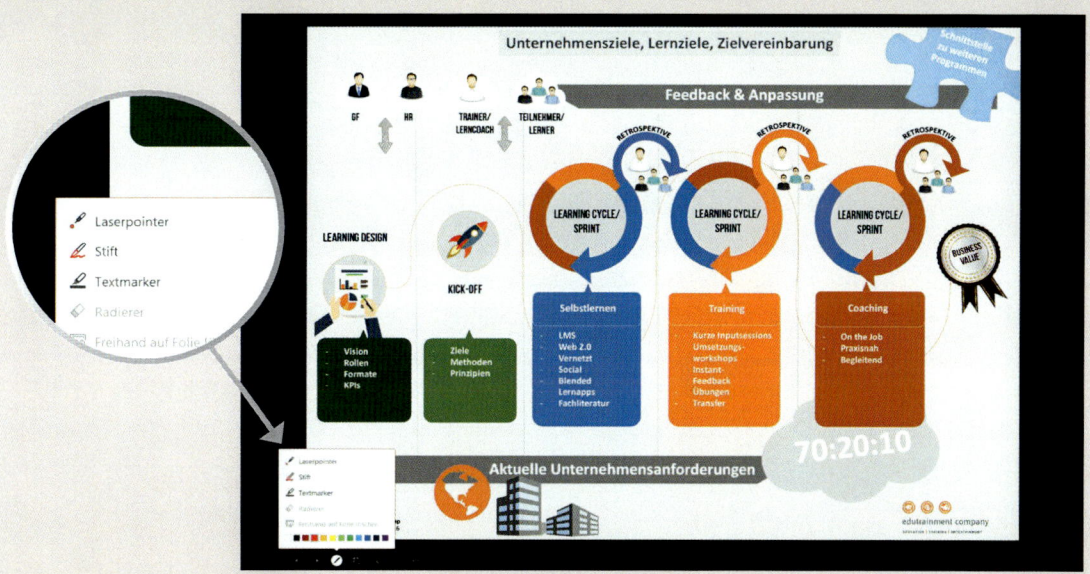

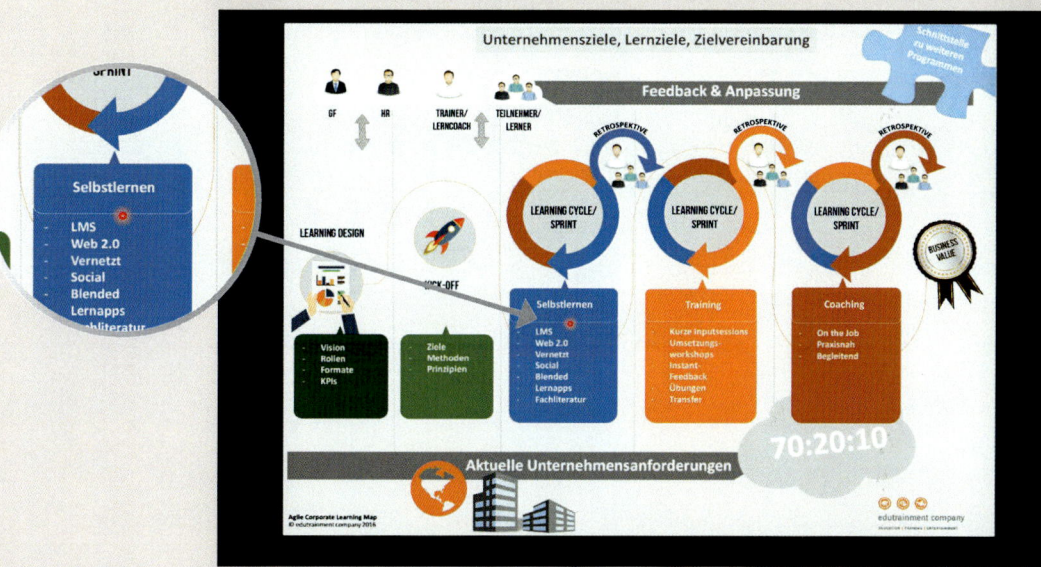

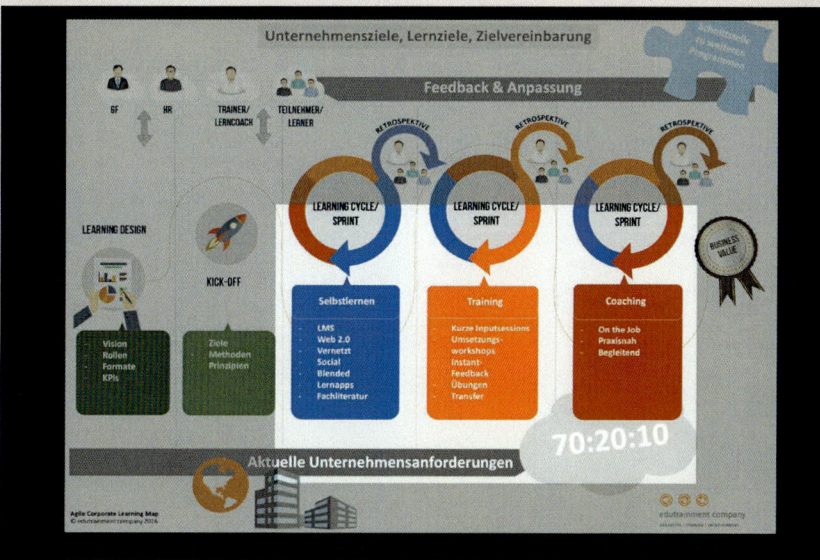

NONLINEAR PRÄSENTIEREN

Was tun, wenn Ihre fleißig ausgearbeitete Präsentation plötzlich durcheinandergerät? Zum Beispiel, weil der Meeting Host Sie bittet, nur bestimmte Teile Ihres Vortrags zu präsentieren? Oder er Ihnen die Zeit radikal kürzt, von 20 auf 10 Minuten? Dann müssen Sie von „linear präsentieren" auf „nonlinear präsentieren" umschalten. Das heißt, Sie sind in der Lage, souverän und locker genau die Folien zu zeigen, auf die es ankommt. Also ohne dieses „Ach, diese Folien brauchen wir jetzt nicht, ich springe da mal drüber." Natürlich müssen Sie hierfür ein paar technische PowerPoint-Kniffs beherzigen.

So gehen Sie dabei vor:

- Gliedern Sie Ihre Präsentation in Kapitel oder Bereiche. Die Grundstruktur einer nonlinearen Präsentation ist wie folgt: Eine zentrale Folie, auf der Sie zu jedem Kapitel, zu jedem Bereich oder, bei einer kürzeren Präsentation mit maximal 8 bis 10 Folien, zu jeder einzelnen Folie navigieren können. Von jeder Folie in Ihrer Präsentation können Sie wahlweise zurück zur Kapitelfolie oder zur zentralen Navigationsfolie gelangen.

- Legen Sie nun in Ihrer Präsentation eine neue Folie an, die Sie hinter Ihrer Titelfolie einfügen. Klicken Sie dort auf den Reiter „Einfügen".

- Wählen Sie die Funktion „Zoom" aus. Sie haben die Auswahl zwischen Übersicht-Zoom oder Folien-Zoom.

- Klicken Sie auf „Folien-Zoom". Nun bekommen Sie alle Folien aus Ihrem aktuellen Präsentationsdokument angezeigt.

- Wählen Sie nun durch Anklicken die wichtigsten Folien Ihrer Präsentation aus, seien es Kapitelfolien oder die einzelnen Bereiche. Falls Ihre Präsentation kürzer ist, wählen Sie jede einzelne Folie aus.

- Nun werden alle ausgewählten Folien auf Ihrer zentralen Navigationsfolie automatisch sortiert. Wenn Sie jetzt in die Präsentationsansicht wechseln und auf eine Folie klicken, navigieren Sie zu dieser Folie hin.

Laden Sie hier Ihre Beispielpräsentation herunter
live-goes-online.de

Um von einer Folie wieder zurück auf die zentrale Navigationsfolie zu gelangen, gibt es zwei Möglichkeiten.

1. **Die einfachste Variante:** Sie benutzen auf jeder Folie Ihrer Präsentation auch wieder die Funktion „Folien-Zoom" und fügen Ihre Navigationsfolie in klein ein, zum Beispiel am oberen rechten oder linken Bildschirmrand. So haben Sie auf jeder Folie die Möglichkeit, zurück zur Hauptfolie zu gelangen.

2. **Die visuell ansprechendere Variante:** Sie nutzen die Funktion „Verlinken" und erstellen innerhalb Ihres Dokuments eine Verlinkung. Zum Beispiel können Sie in einem Textfeld von Folie 1 auf Folie 20 verlinken. Das funktioniert übrigens auch mit Bildern oder Formen.

Jannis-BOX

GESCHICKT VERLINKEN – SO GEHT'S GENAU

Definieren Sie einen Bereich auf Ihrer Folie, der immer an derselben Stelle ist. Zum Beispiel die obere rechte Bildschirmecke. Erstellen Sie dort einen großflächigen Kreis (ohne Füllung und Kontur). Dieser ist somit in der Präsentationsansicht nicht sichtbar. Wählen Sie diesen Kreis aus und klicken Sie mit dem rechten Mauszeiger drauf. Nun können Sie einen Link auf die zentrale Navigationsfolie einfügen.

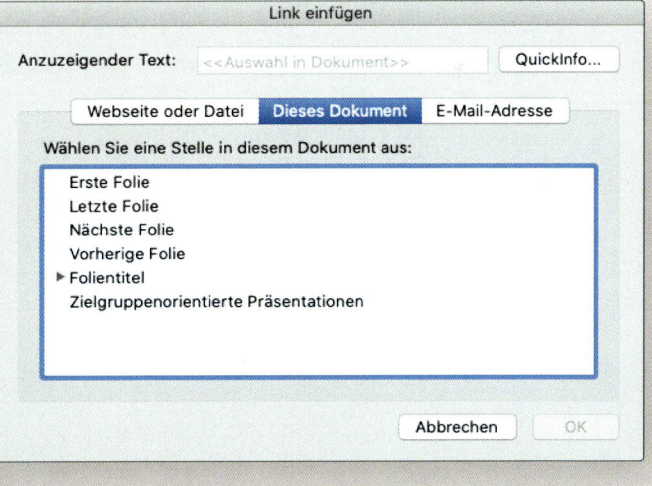

Falls Sie es noch etwas schicker haben wollen: Legen Sie ein Textfeld (z. B. MENÜ) auf den nicht sichtbaren Kreis und verlinken Sie auch dieses auf Ihre zentrale Navigationsfolie. So gelangen Sie dorthin, wann immer Sie auf die rechte obere Bildschirmhälfte oder aber auf das Textfeld klicken.

DER UMGANG MIT DISKUSSIONEN UND EINWÄNDEN

Sie haben Ihren Vortrag beendet. Jetzt folgt eine Fragerunde bzw. Diskussion, in der Sie Fragen aufnehmen und beantworten sowie Einwände parieren müssen. Die Moderation des Meetings sollte auch diese Diskussion steuern. Idealerweise haben Sie am Anfang der Präsentation bzw. des Meetings die Spielregel vereinbart, dass Fragen und Einwände jederzeit im Chat gepostet werden können. Die Moderation hat diese Inputs vielleicht sogar schon geclustert, sodass Sie jetzt eine Folie oder ein Whiteboard mit den Fragen und Einwänden aus dem Chat zeigen können.

Zudem wird Ihr Publikum das Bedürfnis haben, sich noch einmal verbal zu äußern. Da kommt es dann oft zu Redundanzen. Macht aber nichts, denn wichtige Entscheidungsträger bringen sich gerne direkt ein. Diese Möglichkeit sollten Sie ihnen geben.

Falls Sie im Team präsentieren, können Sie währenddessen im Hintergrund fleißig Informationen und Strategien für die Fragen und Einwände, die im Chat geäußert wurden, vorbereiten. Das bekommt niemand mit, ein eindeutiger Vorteil von Live-Online-Meetings. Der Nachteil ist, dass Sie je nach Tool die Teilnehmenden möglicherweise nicht sehen und deshalb keine Schlüsse aus Mimik und Körpersprache ziehen können.

DER RICHTIGE UMGANG MIT EINWÄNDEN

Mit welchen Einwänden beschäftigen Sie sich zuerst? Logisch wäre, zuerst die Einwände und Fragen aus dem Chat zu beantworten. Das entspricht aber nicht unbedingt dem Verhalten Ihrer Teilnehmenden. Wie bereits erwähnt: Manche Führungskräfte und Entscheider möchten jetzt endlich selbst etwas sagen. Insofern gibt es hier auch keine perfekte Lösung. Am besten geben Sie diese schwierige Entscheidung an die Gruppe zurück: „Wie sollen wir verfahren? Wollen wir zunächst die Fragen aus dem Chat beantworten?". Ein kleiner Tipp: Vermeiden Sie es, von „Fragen und Einwänden" zu sprechen. De facto sind viele Fragen eher Einwände. Zum Beispiel: „Glauben Sie wirklich, dass dieser Projektplan realistisch ist?". Das ist natürlich keine Frage, sondern eine Kritik an Ihrem Projektplan.

Lassen Sie die Gruppe entscheiden

SCHWIERIGE FRAGEN UND THEMEN PARKEN

Wenn Fragen zu Themen gestellt werden, die aus Ihrer Sicht in diesem Meeting oder für Ihre Präsentation nicht wirklich relevant sind, können Sie diese parken. Bei einem Präsenz-Meeting hätten Sie sie vielleicht auf eine Moderationskarte geschrieben und an die Wand gepinnt. Genau das können Sie natürlich auch online machen, zum Beispiel mit einem Whiteboard, das jemand aus Ihrem Team oder ein anderer Teilnehmender betreut. So könnte eine Kollegin von Ihnen alle offenen Fragen aus dem Chat und der Diskussion offen in einem Notiz-Tool oder am Whiteboard sammeln und ihren Bildschirm je nach Tool während der gesamten Präsentation teilen. Alle Teilnehmenden sehen so, dass keine Frage verlorengeht.

Keine Frage geht verloren

BACKUP-MATERIALIEN EINBINDEN

Falls Sie eine Präsentationssoftware wie PowerPoint verwenden, haben Sie hoffentlich eine Live-Präsentation vorbereitet. Das heißt, Folien mit kurzen visuellen Botschaften. Die Excel-Dateien, Grafiken und das Hintergrundmaterial packen Sie ins Backup. Dann können Sie bei Bedarf während der Diskussion darauf zurückgreifen. Genau dafür ist das Backup da. Wenn Sie dabei die Bildschirmteilung einsetzen, sollten sie sichergehen, dass Ihre Teilnehmenden keine Materialien sehen, die nicht für die Präsentation gedacht waren. Beachten Sie hierzu unsere Tipps zum Thema Bildschirm teilen in diesem Kapitel und in Kapitel 4.

Sollten Sie eine nonlineare Präsentation vorbereitet haben, können Sie in einem Dokument die Live-Präsentation und das Backupmaterial vereinen und komfortabel zwischen beiden hin und her springen. Das sieht stets extrem professionell aus. Deshalb empfehlen wir diese Art der Aufbereitung gerade für Live-Online-Präsentationen sehr.

Sobald die letzte Frage beantwortet ist, sollten Sie eine kurze Zusammenfassung machen. Dann geht es in die nächste Phase der Präsentation.

PHASE 4:

DER AUSSTIEG

Ihre eigentliche Präsentation ist vorbei, die Diskussion ist abgeschlossen. Jetzt geht es für Sie darum, einen guten inhaltlichen wie auch emotionalen Ausstieg zu finden. Klären Sie auch, was im Anschluss passiert. Vor allen Dingen geht es um die Dokumentation. Vielleicht schaffen Sie es, die Dokumentation sofort im Chat zu posten oder per E-Mail zu versenden. Weitere Frage: Welche Folie ist im Hintergrund zu sehen, wenn Sie den Ausstieg machen? Wenn Sie also Hintergrundfolien einsetzen, sollten Sie eine spezielle Verabschiedungs- oder Ausstiegsfolie haben. Bitte nicht „Danke für Ihre Aufmerksamkeit". Das wäre überflüssig und peinlich. Überlegen Sie sich eine schöne Abschlussformel, vielleicht ein passendes Zitat oder einen Spruch, der Ihre Botschaft humorvoll aufgreift und abrundet.

PHASE 5:

DIE NACHBEREITUNG

Vielleicht haben Sie die Präsentation aufgezeichnet. Das geht natürlich nur, wenn es mit Ihren internen Datenschutzregeln konform ist. Falls nicht schon während des Meetings geschehen, versenden Sie alle Dokumentationen an die Teilnehmenden. Wie immer gilt: So schnell wie möglich!

Jetzt ist auch die Zeit für eine gründliche Rückschau und Analyse. Sie werten aus, wie gut Ihre Performance war. Was lief gut, was nicht, wo könnten Sie besser werden? Welche Einwände kamen, auf die Sie noch reagieren müssen? Nicht vergessen: Jede Nachbereitung ist bereits die Vorbereitung des nächsten Termins. Möglicherweise sind Sie sogar sofort im nächsten Meeting. Gerade im Online-Zeitalter ist die Taktung ja deutlich höher. Deshalb sollten Sie für sich einen Workflow definieren, um die Nachbereitung Ihrer Termine gut zu planen. Und das betrifft nicht nur die Live-Online-Präsentationen.

SOS!

NOTFÄLLE IN LIVE-ONLINE-PRÄSENTATIONEN UND WIE MAN SIE LÖST

Auch in Live-Online-Präsentationen kann eine Menge schiefgehen. Zum Glück lassen sich die meisten Notfälle aber schnell lösen. Vorausgesetzt man weiß, wo man klicken, tippen oder scrollen muss.

NOTFALL 1:
PFEILTASTE ODER KLICKER

Nichts geht mehr. Keine Panik, wenn Sie in PowerPoint präsentieren, verwenden Sie einfach alternativ die Pfeiltasten unten links in Ihrer Bildschirmpräsentation. Dorthin navigieren Sie mit Ihrem Mauszeiger, um dann manuell von Folie zu Folie zu wechseln. Lassen Sie sich nicht von der Fehlfunktion Ihrer Pfeiltasten irritieren. Es handelt sich um einen Bug, den wir selbst schon häufig erlebt haben. Noch ein guter Tipp: Überprüfen Sie vor der nächsten Präsentation den Batteriestatus Ihres Klickers. Manchmal liegt es einfach am fehlenden Strom.

NOTFALL 2:
HINTERGRUNDGERÄUSCHE STÖREN

Was kratzt und knistert denn da? Falls Sie die Störquelle nicht lokali-
sieren können, sprechen Sie das Thema offen an. Legen Sie eine kurze
Pause ein und überprüfen Sie – entweder selbst oder durch die technische
Moderation –, wessen Mikrofon aktuell noch eingeschaltet sein könnte.

In **Microsoft Teams** wird zum Beispiel über das Teilnehmendensymbol die aktuelle
Teilnehmendenliste Ihres Meetings angezeigt. Auf dieser sehen Sie die Personen, die
aktuell ihr Mikrofon eingeschaltet haben. Diejenige Person, die aktuell Audiosignale über
ihr Mikrofon sendet, ist weiß markiert. Schalten Sie diese Person stumm bzw. lassen Sie
das vom Host des Meetings erledigen.

In **Zoom** können Sie über die Galerieansicht überprüfen, ob außer Ihnen jemand ein gelbes
Viereck oder einen gelben Strich unterhalb des Videobilds hat. Sollte dies der Fall sein, sendet
diese Person aktuell Audiosignale übers Mikrofon und sollte vom Host oder Co-Host des
Meetings stummgeschaltet werden.

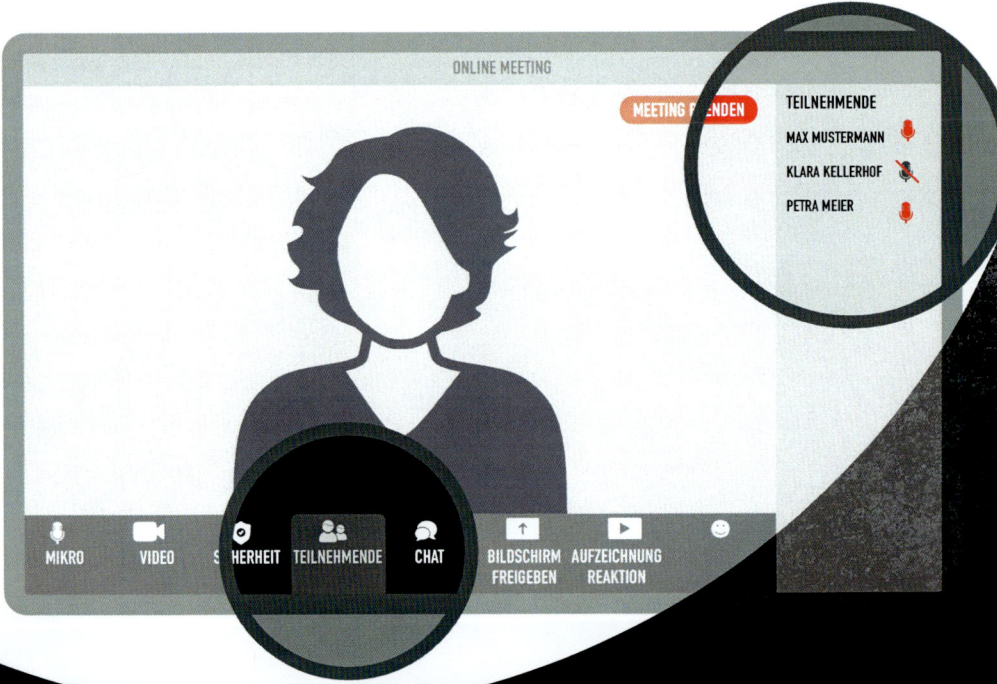

NOTFALL 3:
TEILNEHMENDE SEHEN FALSCHE BILDSCHIRMANSICHT

Na sowas. Sie teilen Ihren Bildschirm und die Teilnehmenden sehen statt der Bildschirmpräsentation nur die Referentenansicht. Was tun? In der Referentenansicht können Sie in der oberen Bildschirmhälfte Ihre Bildschirmpräsentation einrichten. Klicken Sie auf das entsprechende Symbol und wählen Sie das Symbol „Tauschen" aus, um zwischen Referenten- und Bildschirmansicht zu wechseln. Schon sehen Ihre Teilnehmenden die Bildschirmpräsentation in gewohnter Ansicht – und Sie selbst sehen, wenn dies Ihre vorherige Einstellung war, Ihre Referentenansicht. Alternativ können Sie Ihre Bildschirmpräsentation zuvor in der normalen Bearbeitungsansicht so einstellen, dass Sie auch aus der Bildschirmpräsentationsansicht normal präsentieren können. Nachteil hierbei: Sie erhalten keine Voransicht der nächsten Folien und Ihrer Foliennotizen.

HEIT TEILNEHMENDE CHAT BILDSCHIRM FREIGEBEN AUFZEICHN... G REAKTIO...

NOTFALL 4: BILDSCHIRM TEILEN GEHT NICHT

Surprise, surprise. Sie werden von der Moderation des Meetings aufgefordert, Ihre Präsentation zu teilen. Das entsprechende Symbol in Ihrer Toolbar ist aber ausgegraut. Vermutlich wurden Sie innerhalb des Meetings als Teilnehmender eingeladen und die Referenten haben Ihnen noch nicht den entsprechenden Status zugewiesen. Bitten Sie die Moderation, den Host oder die Referentin, den Referenten des Meetings, das nachzuholen, und teilen Sie dann Ihre Bildschirmpräsentation.

NOTFALL 5: FALSCHER BILDSCHIRM WIRD GETEILT

Hoppla. Sie haben zwei Bildschirme an Ihr Gerät angeschlossen und möchten nun einen Inhalt teilen. Es wird aber konsequent der falsche Bildschirm geteilt. Sollten Sie hier nicht schnell über die Funktion „Erweitern" Ihres jeweiligen Geräts eine Lösung finden, ist Duplizieren die einfachste Alternative. So gewährleisten Sie, dass auf beiden angeschlossenen Screens das Gleiche gezeigt wird. Schon können Sie wie geplant präsentieren.

WEBINARE MACHEN:
FORMATMÄßIG
ein Zwischending

6

DIE DREI HERAUSFORDERUNGEN VON WEBINAREN

Der Begriff Webinar setzt sich aus Web und Seminar zusammen. Eine drollige Wortschöpfung, die eher nach Biene Maja klingt als nach einem Veranstaltungsformat im Businesskontext. Solch ein Name wird sich nie durchsetzen, dachten wir vor Jahren noch. Aber wie so häufig im Leben haben wir uns geirrt. Im Frühjahr 2020 gab es dann in der Branche große Verwirrung, weil die Frage aufkam: Dürfen wir den Begriff Webinar noch verwenden? Irgendjemand hatte ihn sich markenrechtlich schützen lassen. Plötzlich musste man fürchten, abgemahnt zu werden, falls man ihn verwendete. Die Aufregung hat sich mittlerweile gelegt. Wir dürfen noch Webinar sagen und auch Webinare durchführen. Den Zusatz Live-Online- können wir uns sparen, denn Webinare fanden und finden stets online statt.

Nach unserem Verständnis ist ein Webinar ein Seminar, also kein Training und auch kein Meeting, sondern etwas dazwischen. Eine Präsentation oder ein Webtalk ist es auch nicht. Was ist es dann?

In der klaren Abgrenzung von anderen Formaten sehen wir die erste von drei Herausforderungen, die sich beim Thema Webinar stellen.

Klare Abgrenzung zu anderen Formaten In der Präsenzwelt werden Formate, die auch Training sein sollen, meistens als Seminar bezeichnet. Üblicherweise haben diese dann eine Dauer von ein, zwei oder drei Tagen. Wobei es Dreitages-, geschweige denn Viertagesseminare, heute eigentlich kaum noch gibt. Solche Präsenzseminare waren im Idealfall auch schon Trainings, das heißt, sie hatten eine bestimmte Menge an interaktiven Elementen.

Wenn wir zwischen Seminar und Training differenzieren wollen, dann gründet sich der Unterschied auf den Anteil der Interaktion bzw. Teilnehmendenaktivität. Bei einem Präsenz-Training sollte die Teilnehmendenaktivität etwa zwischen 60 und 80 Prozent liegen, bei einem Seminar zwischen 20 und 60 Prozent. Meistens sind es vielleicht 40 Prozent. Übertragen auf das Live-Online-Format bedeutet dies: **Ein Webinar hat weniger Praxis- und Interaktionsanteil als ein Live-Online-Training.**

Das Setup sieht häufig so aus , dass ein Experte einen Input-Teil hat, der durch kurze Interaktionen, meistens Umfragen, etwas aufgelockert wird. Am Ende gibt es eine Diskussion, neudeutsch Q&A. Das Ganze sollte eine Dauer von 30 bis 60 Minuten haben, im Extremfall vielleicht 90 Minuten.

Der minimale Unterschied zwischen einem Webinar und einem Webtalk: Das Webinar beinhaltet eine Umfrage und eine Q&A/Diskussion.

Ehrlicherweise muss man dazu sagen, dass die Begriffe nicht fest definiert sind und deshalb auch sehr unterschiedlich verwendet werden. In manchen Unternehmen werden Webinare durchgeführt, die wir eher als Trainings bezeichnen würden. Andere Unternehmen führen Trainings durch, die aus unserer Sicht Webinare sind.

Übrigens ist die Differenzierung zwischen unterschiedlichen Live-Online-Formaten noch relativ neu. Häufig werden alle Informations- oder Lernveranstaltungen einfach als Webinare bezeichnet. Die gängigen Bücher, die bis 2019 veröffentlicht wurden, unterscheiden relativ selten zwischen Webinar und Live-Online-Training oder Virtual Classroom und Webtalk.

Wir plädieren für eine saubere Differenzierung der Formate. Deshalb beschreiben wir hier ein Webinar in klarer Abgrenzung von Webtalk und Live-Online-Training als eigenes Format, in dem jemand einen Input gibt, der am Ende diskutiert wird, und dessen Dauer üblicherweise auf 60 Minuten maximal begrenzt ist.

Die zweite Herausforderung ist die Vorbereitung. Sie selbst **Optimale Vorbereitung** sollten optimal vorbereitet sein. Orientieren Sie sich hier an unseren Empfehlungen in Kapitel 2. Weiterhin brauchen Sie für den Input-Teil eine gute Präsentation, die live funktioniert. Bereiten Sie Fragen vor und überlegen Sie, mit welchem Tool Sie sie darstellen. Planen Sie die Diskussion und legen Sie sich ein gutes Zeitmanagement zu. Webinare sind kompakte Formate, in denen man keine Zeit verlieren sollte durch Technikausfälle, langes Suchen nach der richtigen Folie oder ausschweifende Antworten auf Teilnehmendenfragen.

Die dritte Herausforderung liegt in der Eigenart der Präsen- **Kein direktes visuelles Feedback** tation. In den meisten Webinar-Formaten ist es so: Derjenige, der präsentiert, hat die Kamera angeschaltet, alle anderen haben die Kamera deaktiviert. Das bedeutet, Sie haben als Präsentierender in der Regel kein direktes visuelles Feedback. Sie sprechen quasi in die Stille, die Leere hinein. Umso wichtiger wird es daher sein, im Anschluss das Feedback der Teilnehmenden einzuholen, Fragen zu beantworten etc.

IN DIESEN FÜNF PHASEN LÄUFT DAS WEBINAR AB

Die fünf Phasen handeln wir hier relativ kompakt ab, da es zahlreiche Überschneidungen mit anderen Live-Online-Formaten gibt. Wenn Sie sich mit Live-Online-Meetings, Live-Online-Präsentationen oder Live-Online-Trainings beschäftigen, können Sie viele der dort gelieferten Hinweise und Tipps übernehmen. Betrachten Sie also die folgenden knappen Ausführungen als grobe Orientierung für Ihre vertiefende Lektüre.

PHASE 1: DIE VORBEREITUNG

Wie immer gilt natürlich auch bei einem Webinar die Frage: Was wollen Sie eigentlich erreichen? Es macht einen großen Unterschied, ob Sie zum Beispiel einen bestimmten Inhalt vermitteln wollen oder ob Sie im Rahmen einer Führungskräfteausbildung ein Transfer-Webinar machen.

Falls Sie planen, Umfragen durchzuführen, sollten Sie diese vorbereiten. Checken Sie dabei auch, ob Ihr Virtual-Meeting-Tool dafür geeignet ist oder ob Sie das Tool eines Drittanbieters brauchen.

PHASE 2: DIE ERÖFFNUNG

Die Moderation, oftmals auch diejenige Person, die den Input gibt, macht eine kurze Eröffnung mit Begrüßung, Ablauf, Zeitplan, Spielregeln etc. Es gibt eine kurze erste Abfrage, meist über das Tool selbst.

Dabei gelten alle Regeln, die wir bereits besprochen haben. Wenn Sie selbst Fachperson sind, sollten Sie sich professionell in Szene setzen. Falls Sie eine Präsentation mit Folien verwenden, sollten dies Live-Folien sein. Sie müssen bei den Spielregeln klären, wie der Chat zu nutzen ist.

Unterschiede zwischen den Formaten

	Webtalk	Webinar	Live-Online-Training	Onlinekurs
		Webtalk + Umfrage + Q+A + Chat		
ZEIT	30 MIN.	45–60 MIN.	90 MIN.–1 TAG	1–12 MONATE
GRUPPENGRÖSSE				
INTERAKTION				
TRANSFER				
KOSTEN/TN				

119

DER HAUPTTEIL

Den Hauptteil des Webinars bildet eine Präsentation, quasi ein Webtalk, eine Input-Präsentation, oftmals unterbrochen durch Umfragen, und abschließend eine Diskussion.

Für den genauen Ablauf kommt es darauf an, was Ihr Ziel ist. Oft sind Webinare kein singuläres Event, sondern zum Beispiel Teil eines Marketing- oder Vertriebsprozesses oder einer Learner Journey im Rahmen eines Trainingsprojekts. In unserer Definition steht das Webinar genau zwischen dem Vortrag, also dem Webtalk, und dem Training. Sie können beliebig viele Teilnehmende einbeziehen. Marketing- und Trainer-Gurus aus den USA wie Tony Robbins führen Veranstaltungen mit über 100.000 Teilnehmenden durch.

Wenn Sie Ihren Vortrag mit einer Umfrage garnieren, einen Chat anbieten und am Ende einige der Fragen aus dem Chat diskutieren und beantworten oder sogar einzelne Teilnehmende live zuschalten, dann haben Sie aus Ihrem Webtalk ein Webinar gemacht.

Und was passiert, wenn Sie beispielsweise ein steuerrechtliches Webinar durchführen, das auch Gruppenübungen enthält? Hier wird nicht trainiert, sondern vielleicht nur eine Fallstudie diskutiert. Ist es dann immer noch ein Webinar oder vielleicht sogar ein Workshop oder ein Training? Sie sehen also, die Abgrenzung ist manchmal gar nicht leicht.

SONDERFALL WEB-DEMO

Sie kennen das vielleicht: Ein Softwareanbieter lädt Sie zu einer Web-Demo ein. Was ist damit gemeint? Der externe Anbieter zeigt Ihnen eine Softwarelösung, für die Sie sich interessieren, live.

Wenn Sie selbst Web-Demos durchführen, achten Sie darauf, dass Sie wirklich gute Live-Folien haben, dass Sie sehr schnell in die praktische Anwendung wechseln und auch die Web-Demo maximal interaktiv gestalten.

Der größte Fehler von Web-Demos ist, dass sie zu wenig interaktiv sind. Die Verbesserung sieht so aus, dass Sie aus Ihrer Web-Demo einen wirklich interaktiven Vertriebstermin machen. Es gibt einen Mini-Präsentationsteil, Ihren Elevator Pitch zu Ihrem Tool, Ihrem Unternehmen und Ihnen selbst. Es gibt ein paar Fragen. Sie zeigen etwas und demonstrieren es. Zum Abschluss gibt es eine Fragerunde.

Ein solches Vorgehen hat eine höhere Involvierung Ihrer Teilnehmenden zur Folge und macht letztlich aus der Web-Demo einen ganz normalen Vertriebstermin, der zwischen Gespräch, Präsentation, Workshop und wieder Gespräch hin und her wechselt. Genau das bedeutet Live-Online-Kommunikation.

Der Ausstieg ist wieder einmal das Pendant zur Eröffnung. Sie haben in der Eröffnung begrüßt, vielleicht eine kleine Umfrage gemacht, die Agenda vorgestellt, also gesagt, wie es weitergeht, und genauso ist der Ausstieg. Sie machen eine Feedback-Abfrage. Sie sagen, wie es weitergeht, und klar, Sie werden sich verabschieden und dann natürlich Ihr Webinar ordentlich nachbereiten.

Den Teilnehmenden stellen Sie zum Ende des Webinars eine Dokumentation der vorgestellten Inhalte zur Verfügung, zum Beispiel eine kleine Präsentation als PDF. Für Sie selbst beginnt je nach Ziel Ihres Webinars die weitere Arbeit. Wenn Sie das Webinar aufgezeichnet haben, macht es Sinn, sich alles noch einmal anzuschauen und zu entscheiden, was Sie bei der nächsten Durchführung ändern sollten.

Falls Sie ein Marketing-Webinar gemacht haben, wird es erst mit der Nachbereitung richtig spannend. Wahrscheinlich haben Sie die Teilnehmenden aufgefordert, Ihnen eine Mail zu schreiben, vielleicht mit einem Stichwort „Steuerausfuhrrecht 2020" und jetzt bekommen alle, die sich gemeldet haben, natürlich die Dokumentation und dann wahrscheinlich auch irgendwann eine automatisierte Mail, die nächste Webinar-Einladung oder auch einen Anruf. Wenn Ihr Webinar, wie eingangs schon beschrieben, Teil einer Kampagne oder eines Programms ist, ist die Nachbereitung die Überleitung zur nächsten Veranstaltung.

LIVE ONLINE TRAINIEREN:

INTER-AKTION

ist alles

DIE DREI HERAUSFORDERUNGEN DES LIVE-ONLINE-TRAININGS

Vor der Corona-Pandemie war die Mehrzahl der Weiterbildungsveranstaltungen, die live online stattfanden, Webinare. Der sogenannte virtuelle Klassenraum hatte sich bis dahin in Deutschland nicht wirklich durchgesetzt. Ganz anders als beispielsweise in den USA oder in Asien, zum Beispiel in China. Auch virtuelle Trainings wurden deshalb schnell einmal als Webinare bezeichnet – was wenig passend war, denn Webinare sind weit weniger interaktiv.

Mittlerweile hat es sich etabliert, von Live-Online-Trainings oder Online-Live-Trainings zu sprechen, wenn es um die Durchführung einer Veranstaltung geht, die genauso funktioniert wie ein Präsenz-Training, nur eben online.

In einem Live-Online-Training ist fast alles möglich, was Sie auch in einem Präsenz-Training machen können. Natürlich gibt es ein paar Restriktionen, dafür aber auch viele Vorteile. Drei Herausforderungen stellen sich dabei.

Die erste Herausforderung ist das hohe Maß an Interaktivität, das ein Training auszeichnet. Wenn wir von einem Live-Online-Training sprechen, meinen wir damit die Übersetzung eines typischen Präsenz-Trainings, zum Beispiel zum Thema Führung mit einer Dauer von normalerweise zwei Tagen, in ein Live-Online-Trainingsformat. Das ist der große Unterschied zum Webinar: Ein echtes Training sollte eine Teilnehmendeninteraktivität von 60 bis 80 Prozent haben, eine reine Inhaltsvermittlung hat hier nichts zu suchen. Das gilt online genauso. Deshalb ist es wichtig, Webinare didaktisch ganz klar von Trainings abzugrenzen.

Ein hohes Maß an Interaktivität

Aus dieser Unterscheidung ergibt sich schon eine ganze Menge in Sachen Durchführung sowie Auswahl und Einsatz des jeweiligen Tools. Ohne Kamerabild und ohne Breakout Sessions lässt sich ein Live-Online-Training nicht durchführen, es sei denn, die Gruppe wäre so klein, dass eine weitere Unterteilung gar nicht notwendig wäre.

Sie brauchen technische Moderation

Eine zweite Herausforderung liegt in der Rolle der technischen Moderation. Je interaktiver Sie arbeiten, je besser Sie die Möglichkeiten Ihres Tools ausreizen wollen, umso stärker sind Sie auf die Unterstützung von jemandem angewiesen, der das Tool perfekt beherrscht, für die Gruppeneinteilung zuständig ist, den Chat betreut, die jeweiligen Materialien genau zur richtigen Zeit in den Chat postet oder per E-Mail versendet, beim technischen Troubleshooting unterstützt usw.

Wer glaubt, all diese zusätzlichen Aufgaben neben der Rolle als Trainerin oder Trainer zu beherrschen, dem empfehlen wir die Lektüre des Buches „Multitasking" vom schwedischen Neurowissenschaftler Torkel Klingberg. Seine Botschaft: Multitasking ist ein Mythos. Was auf der Autobahn zu Unfällen führt, weil Menschen glauben, bei Tempo 180 nebenbei WhatsApp-Nachrichten beantworten zu können, führt in einer Live-Online-Veranstaltung nicht selten zu merkwürdigen Sprechpausen oder einem wenig intelligenten Blick in die Kamera, weil die betreffende Person gerade mit einem PowerPoint-Problem kämpft.

Wenn Sie Trainerin oder Trainer sind, sollten sie darauf achten, die Rolle der oder des technischen Moderierenden sauber von Ihrer eigenen Rolle als Trainerin oder Trainer zu trennen. Wenn Sie im Unternehmen für den Bereich Learning & Development zuständig sind, sorgen Sie für eine größere Anzahl von intern ausgebildeten technischen Moderierenden. Gewähren Sie auch Ihren externen Trainingspartnerinnen und -partnern den Einsatz dieser Funktion, und machen Sie in der Organisation bei Ihren internen Kunden, vor allen Dingen bei den Führungskräften, die ja das Budget geben, deutlich, weshalb der Verzicht auf die zusätzliche technische Moderation fast immer zu einem Qualitätsverlust führt und veraltete didaktische Frontalformate mit wenig Interaktion fördert.

Die dritte Herausforderung ist der Faktor Zeit. Was Lernziele, Zielgruppenanalyse und Persona-Design anbelangt, gilt natürlich für das Design von Live-Online-Trainings und damit die Planung und Umsetzung **Weniger Zeit** von Online-Learner-Journeys alles, was auch für klassisches Präsenzlernen gilt. Die Besonderheit bei Live-Online-Trainings besteht darin, dass Sie weniger Zeit haben und schneller, fokussierter, klarer sein müssen in Ihren Inputs und Instruktionen. Auch Gruppenübungen und Rollenspiele sind in der Regel deutlich kürzer als in einem typischen Präsenz-Training. Eine gründliche Vorbereitung ist daher unerlässlich. Sie brauchen einen Ablauf, der am besten minutengenau designt ist. Ein Tool, das wir dafür empfehlen können, ist SessionLab.

Schauen wir uns nun einmal genauer an, was bei einem typischen Live-Online-Training zu beachten ist. Wieder nutzen wir das Modell der fünf Phasen, das Sie ja bereits aus den vorherigen Kapiteln kennen.

IN DIESEN FÜNF PHASEN LÄUFT DAS TRAINING AB

PHASE 1:
DIE VORBEREITUNG

Unsere Checkliste sieht diesmal etwas anders aus als bei den vorherigen Formaten. Das liegt vorwiegend daran, dass ein Training sich in Bezug auf Konzept, Länge, Intensität und Interaktivität wesentlich von einem Meeting oder einer Präsentation unterscheidet.

WIE GESTALTEN SIE IHREN VIRTUELLEN RAUM?

Aus der Trainerperspektive beginnt ein Training meist so: Man reist idealerweise schon am Vorabend am Trainingsort an und bereitet den Raum vor. Das heißt Raumaufstellung prüfen, Material für alle Übungen einräumen, Stühle mit dem Teilnehmenden-Kit bestücken, weiteres Material aufbauen, zum Beispiel entsprechende Hintergründe für einzelne Übungen oder Rollenspiele, Musik für die Begrüßung der Teilnehmenden auswählen usw. Außerdem checkt man mit dem Hotel noch einmal den genauen Ablauf der Pausen, die Menüauswahl für das Mittagessen etc.

Bis auf das Thema Pausenversorgung und Menüauswahl für das Mittagessen verläuft die Sache bei einem Live-Online-Training ähnlich. Denn auch der virtuelle Raum muss vorbe- **Bereiten Sie Ihren virtuellen Raum vor**
reitet werden: Charts zeichnen, Hintergründe auswählen und in die entsprechende Software hochladen, Material und Anweisungen für Gruppenübungen vorbereiten und bereithalten und auch an die Musik während der Pausenzeiten denken (GEMA nicht vergessen!). Deshalb ist ein Live-Online-Training auch nicht weniger aufwendig als ein klassisches Präsenz-Training. Die Vorbereitung ist oft sogar intensiver, und der Technikcheck etwa eine Stunde vor dem Start ist zwingend notwendig.

WAS IST DIE IDEALE LÄNGE BZW. ZEITLICHE VERTEILUNG IHRES TRAININGS?

Von einer Eins-zu-eins-Übersetzung eines Präsenz-Trainings von zum Beispiel zwei Tagen Dauer auf zwei Tage Live-Online-Training raten wir ab. Die aus unserer Sicht optimale Variante lautet, das Zwei-Tage-Training auf viermal vier Stunden aufzuteilen, Teil 1 und 2 jeweils an aufeinanderfolgenden Tagen, Teil 3 und 4 zum Beispiel eine Woche später. Die Bündelung von zweimal vier Stunden an zwei aufeinanderfolgenden Tagen sorgt für das Gefühl, wirklich an einem Training teilzunehmen. So bekommen Sie mehr Gruppenatmosphäre, verglichen mit beispielsweise viermal vier Stunden auf insgesamt vier Wochen verteilt.

WIE GEHEN SIE MIT DEM THEMA ZEITMANAGEMENT UM?

Wenn Sie an Ihren eigenen Themen arbeiten, werden Sie wahrscheinlich feststellen, dass Sie schneller sind als in Präsenz-Trainings. Je interaktiver die Sache wird, umso stärker spielt die Kompetenz der Teilnehmenden eine Rolle. Zum Beispiel mit Blick auf das Handling von Breakout Sessions und die Nutzung von Whiteboards. Die gute alte Regel, sich immer nach dem schwächsten Glied zu richten, ist online kompliziert umzusetzen, da die anderen Teilnehmenden nicht wirklich mitbekommen, welche Person für das Show Stopping verantwortlich ist. Aus diesem Grund müssen Sie in Live-Online-Trainings wohl oder übel manchmal ein paar Teilnehmende zurücklassen.

Insgesamt gilt: Der digitale Reifegrad entscheidet sehr stark über die Geschwindigkeit im Training und muss in der Vorbereitung entsprechend berücksichtigt werden. Im besten Fall machen Sie vorher eine Abfrage der Kompetenzen, die wirklich valide ist.

WELCHER DIDAKTISCHE AUFBAU IST RATSAM?

Ein großer Vorteil von Live-Online-Trainings und der Aufteilung in verschiedene Trainingseinheiten besteht darin, dass sich quasi automatisch eine echte Learner Journey entwickelt. Idealerweise als funktionierender Mix aus Selbstlernen, Lernen in der Gruppe, Live-Online- und E-Learning. Endlich etabliert sich Blended Learning fast wie von allein.

Die passende Learner Journey Bei der edutrainment company haben wir in unserem Learning-Experience-Design-Set (LXD-Set) aktuell einhundert unterschiedliche Lernformate definiert, aus denen sich in einem mehrstufigen Prozess sehr einfach die passende Learner Journey für Ihr Projekt definieren lässt. Die meisten dieser Formate funktionieren auch online.

Die folgende Abbildung zeigt eine typische Learner Journey für ein Präsentationstraining, das in der Präsenzvariante eine Dauer von zwei Tagen hat.

PRÄSENZ-TRAINING

| Einladung @ | > | E-Learning 🖥 30 MIN | > | Präsenz-Training 👨‍🏫 2 TAGE | > | Umsetzungs-aufgabe ⚙ | > | E-Learning 🖥 30 MIN | > | Zertifikat 🏅 |

Learner Journey mit Präsenz-Trainings, Dauer: 2 Tage plus 2 x 30 min E-Learning verpflichtend

LIVE-ONLINE-TRAINING

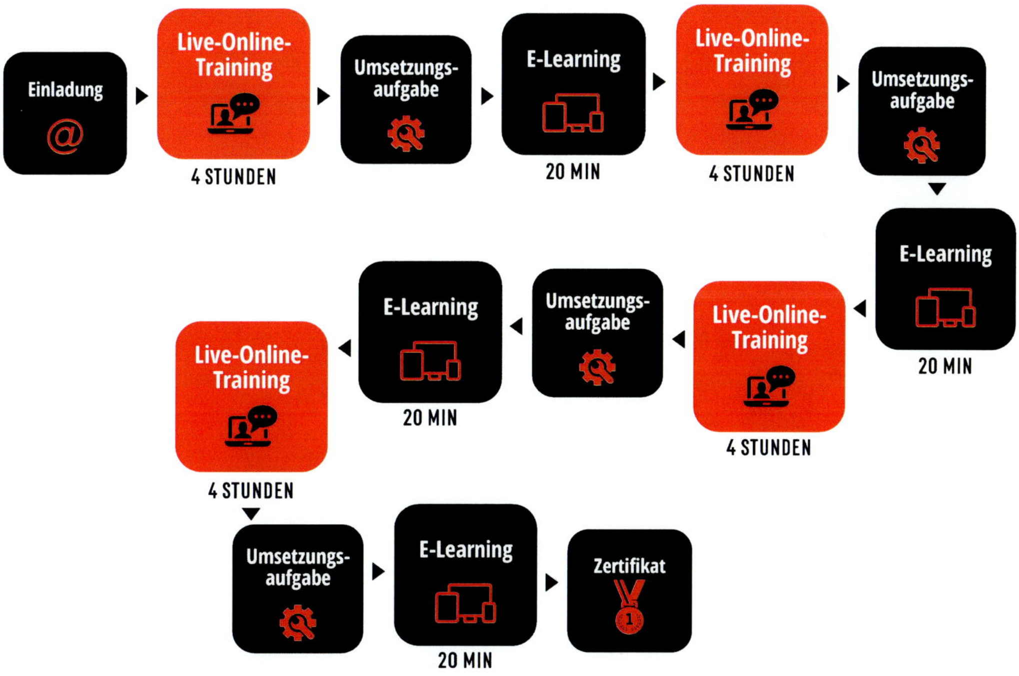

| Einladung @ | > | Live-Online-Training 💻 4 STUNDEN | > | Umsetzungs-aufgabe ⚙ | > | E-Learning 🖥 20 MIN | > | Live-Online-Training 💻 4 STUNDEN | > | Umsetzungs-aufgabe ⚙ |

E-Learning 🖥 20 MIN

Live-Online-Training 💻 4 STUNDEN

Umsetzungs-aufgabe ⚙

E-Learning 🖥 20 MIN

Live-Online-Training 💻 4 STUNDEN

Umsetzungs-aufgabe ⚙

E-Learning 🖥 20 MIN

Zertifikat 🏅

Learner Journey Online only bei gleichen Inhalten und gleicher Lernzeit
(4x4 h LOT plus 60 min E-Learning verpflichtend, der Rest on Demand) aufgeteilt in kleinere Einheiten

Das Blended-Learning-Konzept funktioniert mit Live-Online-Trainings oft sehr viel besser als mit Präsenz-Trainings, weil es keinen Medienbruch gibt. Das komplette Lernen findet online statt. Es ist für die Teilnehmenden logisch nachvollziehbar und einfach in der Umsetzung, dass sie sich zur Vorbereitung während des Trainings und danach zwischen den einzelnen Phasen online mit den Themen weiterbeschäftigen.

Unserer Erfahrung nach ist die Umsetzungsquote bei solchen Online Journeys deutlich höher. Das hängt natürlich vom Thema und davon ab, ob die Möglichkeit besteht, das Gelernte aus den Bausteinen 1 und 2 in der Zeit bis zu den Bausteinen 3 und 4 auszuprobieren und umzusetzen. Wie bei anderen Trainingsprogrammen auch, gilt immer:

Für sofortige Anwendungsmöglichkeiten sorgen

Lernen auf Vorrat ist eher weniger erfolgreich. Besser ist es, wenn die Lernenden eine sofortige Anwendungsmöglichkeit im Alltag und ein persönliches Interesse an der sofortigen Umsetzung haben.

SCHON MAL EIN TRAINING GEPIMPT?

Sobald Sie Ihr Trainingsmodul bzw. Ihr komplettes Training fertig designt haben, können Sie den Inhalt noch einmal tunen. Das heißt, Sie fragen sich: Wie kann ich das Ganze noch professioneller, noch technischer, noch bunter, noch sinnhafter machen? Dabei hilft Ihnen unser Pimp my Training Canvas. Nutzen Sie ihn zum Beispiel in einem kreativen Brainstorming mit Ihrem Team.

Hier können Sie den Pimp my Training Canvas downloaden:
www.live-goes-online.de

WAS IST BEI FACHTRAININGS ZU BEACHTEN?

Gerade bei Online-Fachtrainings besteht die Tendenz, dass einfach nur Folien vorgelesen werden, so wie in vielen Präsenzseminaren. Da es sich bei den Seminarleitenden häufig um fachliche Autoritäten handelt, die keine wirkliche Trainer-ausbildung haben und die Seminare quasi nebenbei geben, ist die Entwicklung eines wirklich innovativen Live-Online-Trainings gar nicht so einfach. Hier ist es notwendig, ein realistisches Konzept zu entwickeln und dann Schritt für Schritt vorzugehen. Sie starten vielleicht mit einem Webinar-Konzept und bauen nach und nach Gruppenübungen ein. Wir empfehlen, generisch vorzugehen und die externen Fachkräfte nicht zu verschrecken, indem Sie zu viel von ihnen verlangen. Es hat sich bewährt, zunächst eine Fokusgruppe mit Freiwilligen zu bilden, die auch Lust haben, die Extrameile zu gehen und einen größeren Aufwand bei der Umwandlung ihrer bisherigen Präsenzseminare in Live-Online-Seminare betreiben wollen.

Fokusgruppe mit Freiwilligen

WIE SOLLTE IHR SETUP AUSSEHEN?

Wenn Sie regelmäßig Live-Online-Trainings durchführen, macht es Sinn, das typische Setup deutlich zu erweitern. Nehmen wir als Beispiel unser edutrainment-Studio. Die Ausstattung: zwei Kameras, eine zusätzliche Dokumentenkamera, ein zusätzlich angeschlossenes iPad, zwei PCs, Greenscreen, Flipchart, Hintergrundbeleuchtung, Studiolicht, Funkstrecke mit Headset oder Ansteck-Mikrofon, Stehtisch und vier zusätzliche Bildschirme, Mischpult und Stream Deck, zusätzliche Audiostrecke über Bluetooth (zur Überprüfung des eigenen Tons).

Ein solches Setup ist natürlich recht aufwendig, nicht jede Trainerin oder jeder Trainer wird sich das zu Hause ins Wohnzimmer stellen. Aber wenn Sie regelmäßig Live-Online-Trainings veranstalten, ist der Aufwand sinnvoll. Einige unserer Kunden haben bereits begonnen, dieses oder ein ähnliches Setup fest im Headquarter und an einzelnen Standorten sowie internen Akademien zu installieren und auch mobile Lösungen zu entwickeln.

Wenn Sie mit einem solchen Studio arbeiten, brauchen Sie natürlich viel Souveränität im Umgang mit der Technik und den Tools. Am Anfang empfiehlt es sich, einen Profi für die Technik im Studio zu haben, um etwaige Probleme sofort lösen zu können. Nach und nach schwimmen Sie sich dann frei und werden das Ganze nach einigen Wochen ähnlich souverän meistern wie ein Radiomoderator, der seine Technik selbst steuert.

Davon abgesehen haben Sie natürlich im Training Ihre technische Moderation, die allerdings nicht für Ihr Videostudio zuständig ist, sondern für das Handling Ihres Virtual-Meeting-Tools.

Machen Sie ein Test-Meeting! Unsere klare Empfehlung an die Trainerin bzw. den Trainer: Checken Sie Ihr technisches Setup vor dem Live-Online-Training, indem Sie ein Test-Meeting innerhalb des Live-Online-Meeting-Tools erstellen und dieses mit der technischen Moderation durchführen. Testen Sie so alle Funktionen, die Sie einsetzen wollen.

PROFESSIONELLES SETUP –
SO KOMMEN SIE BESTENS RÜBER

Für ein professionelles Studio für Ihre Live-Online-Trainings empfehlen wir Ihnen diese Ausstattung:

- Videomischer (z. B. das Atem Mini)
- Hardware, um den Videomischer zu nutzen (z. B. das Elgato Stream Deck, die 15 Tasten reichen für die wichtigsten Funktionen vollkommen aus)
- mindestens zwei Rechner oder ein Rechner, der sehr leistungsfähig ist
- mindestens zwei Videokameras, je nach Anzahl der Videobilder
- Stative für die Videokameras
- zwei bis drei Screens mit Halterungen
- Licht für jede Kamerasituation
- Dokumentenkamera u./o. Tablet mit Smartpen
- Greenscreen in entsprechender Größe für vollfunktionale Nutzung
- Funkstrecke (z. B. von Røde) + Headset oder Ansteck-Mikrofon
- höhenverstellbarer Stehtisch
- Kabel nach Bedarf
- klassischer Trainerbedarf (z. B. Flipchart, Pinnwände)
- leistungsfähige Internetverbindung (mind. 100 Mbit pro Sekunde Download und mind. 30 Mbit pro Sekunde Upload)

Wie wirken all diese Hardwarekomponenten zusammen? Einfach gesagt geht es darum, verschiedene Kamerabilder samt Ton mit Ihrem Virtual-Meeting-Tool zu verbinden. Aus diesem Grund brauchen Sie einen professionellen Videomischer. An diesen ist über die entsprechenden Kabel Ihr Studiorechner angeschlossen. Um nun einfach und unkompliziert zwischen den einzelnen Kamerasituationen wechseln zu können, benötigen Sie ein Stream Deck. Auf diesem können Sie einzelne Tasten belegen. Den Greenscreen brauchen Sie, um unter anderem Präsentationen als virtuellen Hintergrund anzuzeigen.

Pro-Tipp: Die Tasten in der Software mit dem entsprechenden Kürzel beschriften. So behalten Sie auch in stressigen Situationen den Überblick.

Die Lichter für die einzelnen Kamerasituationen können Sie je nach Bedarf anmontieren, auf die gewünschte Beleuchtung ausrichten und je nach technischem Studio-Setup so programmieren, dass diese in den Farben Ihres Kunden oder in Ihrer Firmenfarbe leuchten.

WIE BERÜCKSICHTIGEN SIE DEN DIGITALEN REIFEGRAD DER TEILNEHMENDEN?

Klären Sie mit Ihrem Kunden bzw. internen Auftraggeber, welchen voraussichtlichen technischen bzw. digitalen Reifegrad Ihre Teilnehmenden haben werden. Abgeleitet daraus können Sie entscheiden, inwiefern eine Erklärung der Netiquette oder des Virtual-Meeting-Tools notwendig ist und wie Sie mit dem Thema Technikcheck umgehen. Sollten Ihre Teilnehmenden wenig bis gar keine Live-Online-Meeting-Erfahrung haben oder erstmalig an einem Live-Online-Training teilnehmen, empfiehlt es sich, einen vorgelagerten Technikcheck durchzuführen oder zumindest anzubieten. Außerdem sollten Sie eine Erklärung mit den wichtigsten fünf Spielregeln oder Voraussetzungen, idealerweise visuell untermauert, vorab an die Teilnehmenden versenden.

Vorgelagerter Technikcheck

Noch ein wichtiger Punkt zum Thema Status: Die meisten gängigen Virtual-Meeting-Tools erlauben es, den Teilnehmenden und dem Trainer oder der Trainerin unterschiedliche Möglichkeiten in den Funktionen des Virtual-Meeting-Tools zu geben. Das kann gerade bei einem Live-Online-Training sehr sinnvoll sein. Denn sollte diese Unterscheidung zum Beispiel im Tool Microsoft Teams nicht getroffen werden, können auch Teilnehmende jederzeit jeden anderen innerhalb des Meetings stummschalten. Sie können sich sicher vorstellen, dass das bei einem flammenden Input, den man gerade als Trainerin oder Trainer gibt, wenig konstruktiv wäre. Überprüfen Sie deshalb, ob Ihr Virtual-Meeting-Tool die Möglichkeit bietet, unterschiedliche Status für das Live-Online-Training festzulegen.

WAS IST FÜR BREAKOUT SESSIONS WICHTIG?

Um welches Trainingskonzept es sich auch handelt, verwenden Sie nach Möglichkeit Breakout Sessions innerhalb Ihres Live-Online-Trainings. Wenn vor Ihrem Training feststeht, dass es definierte Gruppen geben wird, die zum Beispiel an einem Thema arbeiten, können Sie in den meisten gängigen Virtual-Meeting-Tools die Breakout Session schon vorab anlegen und die entsprechenden Teilnehmenden zuordnen. Nutzen Sie diese Funktion, das ist unsere klare Empfehlung.

WIE KLÄREN SIE DIE FRAGE DER BERECHTIGUNGEN?

Klären Sie vorab, von wem das Live-Online-Training gehostet wird. Es gibt hier zwei Möglichkeiten.

Die erste ist, dass Sie als Trainingsanbieter das Live-Online-Training hosten. Das bedeutet, dass Sie die Meeting-Einladung erstellen und diese an die Teilnehmenden versenden. Sollte das Training in Microsoft Teams stattfinden, legen Sie auch dort ein Team für das Training an.

Die zweite Möglichkeit ist, dass Ihr Kunde das Live-Online-Training hostet und die Einladung verschickt. Beide Möglichkeiten haben Ihre Vor- und Nachteile. Wenn Ihr Kunde das Live-Online-Training hostet, sollten Sie auf jeden Fall vorab klären, ob Sie alle nötigen Funktionen und technischen Rechte innerhalb des Tools besitzen. Denn in den meisten Fällen werden Sie als Gast im Tool Ihres Kunden auftreten, und damit meinen wir den tatsächlichen Status innerhalb des Tools. Dieser ist nicht immer gleichbedeutend mit einer Vollnutzbarkeit des Virtual-Meeting-Tools. Deswegen klären Sie vorab, ob Sie innerhalb des Live-Online-Meeting-Tools Ihres Kunden alle Berechtigungen haben. Dafür empfiehlt es sich, Kontakt mit der IT aufzunehmen und einen kurzen Check durchzuführen. Wenn Sie selbst das Meeting hosten, besteht diese Problematik nicht. Dafür kann es aber sein, dass auf Teilnehmendenseite die Anmeldung schwerer fällt oder einige Berechtigungen innerhalb des Tools fehlen. Auch dies sollten Sie vorab prüfen und gegebenenfalls, so Ihnen das Tool diese Möglichkeit bietet, in den Besprechungsoptionen oder während der Erstellung des Meetings für das Live-Online-Training bedenken und Ihren Teilnehmenden die entsprechenden Berechtigungen geben.

Auf alle Berechtigungen achten

WARUM BRAUCHEN SIE DIE E-MAIL-ADRESSEN DER TEILNEHMENDEN?

Besorgen Sie sich die E-Mail-Adressen der Teilnehmenden. Uns ist natürlich bewusst, dass das Thema E-Mail im Zusammenhang mit der DSGVO ein sensibles Thema ist. Nichtsdestotrotz sollten Sie in der Vorbereitung des Live-Online-Trainings nach Möglichkeit Zugang zu den E-Mail-Adressen der einzelnen Teilnehmenden bekommen, damit Sie während des Live-Online-Trainings jederzeit die Möglichkeit haben, auf einem sicheren und funktionierenden Wege mit den Teilnehmenden zu kommunizieren.

Damit meinen wir nicht, dass Sie anstatt des Chats nun Ihr E-Mail-Programm nutzen sollen, um sich mit den Teilnehmenden auszutauschen. Aber wenn es zum Beispiel um Trainingsmaterialien geht, die während des Live-Online-Trainings den Teilnehmenden zur Verfügung gestellt werden sollen, kann es sein, dass das Virtual-Meeting-Tool Ihnen nicht die Möglichkeit bietet, PDF-, PowerPoint- oder andere Dateien zu versenden. Damit der reibungslose Ablauf des Live-Online-Trainings gewährleistet ist, sollten Sie also Zugriff auf die E-Mail-Adressen haben, um die Dokumente den Teilnehmenden entspannt per E-Mail zu schicken.

DIE ERÖFFNUNG

Bevor wir in diese Phase starten, noch ein Hinweis: In den folgenden Erklärungen beziehen wir uns immer wieder auf unsere Trainingsarbeit im Rahmen der edutrainment-Methode, da wir Ihnen möglichst viele Erfahrungen aus unserer Praxis mitgeben wollen.

BEGRÜßUNG

Wahrscheinlich haben Sie sich schon mit den Teilnehmenden vor dem Start des Trainings ein bisschen angewärmt, Musik im Hintergrund laufen lassen, über dies und das gechattet. Diese Phase, in der sich die Teilnehmenden nach und nach einwählen, dauert vielleicht 15 bis 20 Minuten. Sie bietet auch Gelegenheit, kleine Fragen technischer Natur wie Einstellungen an Kamera oder Mikrofon zu lösen.

Wichtiger Tipp: Weisen Sie die Teilnehmenden darauf hin, bitte ihren Klarnamen zu verwenden, so denn das Virtual-Meeting-Tool die Möglichkeit bietet, den eigenen Namen umzubenennen. Dies kann relevant sein, um am Ende einen Screenshot der Teilnehmendenliste zu erstellen und dem Kunden eine reale Teilnehmendenliste mit An- und Abwesenheiten zur Verfügung zu stellen.

Alle da, alles klar? Nun geht es richtig los: Sie stellen sich noch einmal offiziell vor. Im Idealfall haben Sie dafür ein professionelles Setup, das Ihre Teilnehmenden positiv überrascht und **Für positive Überraschung sorgen**
Ihre Kompetenz unterstreicht. Das heißt: Sie stehen jetzt vor einem Greenscreen, entweder mit Ihrem Logo oder einem passenden Hintergrund zum Training. In jedem Fall sollte es professionell aussehen.

INTRO

Nach der Begrüßung und Ihrer persönlichen Vorstellung können Sie, falls Sie eine zweite Kamera haben, auf diese wechseln. Hier verwenden wir selbst immer die klassische Situation mit Flipchart im Hintergrund. Nun gilt es, den Teilnehmenden zu erklären, wie das Live-Online-Training ablaufen wird. Für viele oder sogar alle wird es vielleicht sogar das erste virtuelle Training sein. Eine solche Intro könnte wie folgt lauten:

„Wahrscheinlich fragt Ihr Euch, wie läuft ein Live-Online-Training ab? Eigentlich genau wie ein Präsenz-Training. Ihr seht mich hier mit meinem Flipchart im Hintergrund. Ich fühle mich immer besser, wenn ich mit dem Flipchart arbeite, und ich werde es natürlich auch hier in diesem Training nutzen. Alles Weitere kennt Ihr auch aus einem Präsenz-Training: Wir werden Euch in Gruppen einteilen. Dort werdet Ihr Ergebnisse erarbeiten und diese hier im Plenum präsentieren. Dafür verwendet Ihr eine Pinnwand, besser gesagt ein digitales Whiteboard. Es wird Rollenspiele geben, die Ihr vorbereitet und hier im Plenum durchführt. Die können wir auch aufzeichnen und das Video hinterher annotieren. Das ist sogar ein bisschen cooler als in einem Präsenz-Training. Zwischendurch bekommt Ihr Arbeitsmaterialien, Ihr vernetzt Euch untereinander, Ihr bereitet einen Umsetzungsplan vor. Also alles genau wie im Präsenz-Training, nur für den Kaffee in den Pausen und das Wasser und das Mittagessen müsst Ihr selbst sorgen."

Wichtig bei diesem Teil: Es kommt darauf an, dass Sie selbst wirklich überzeugt sind und das auch so rüberbringen. Auf keinen Fall sollten Sie nach dem Motto eröffnen: „Neuerdings führen wir unsere bewährten Präsenz-Trainings online durch. Wir werden jetzt versuchen, das so gut wie möglich umzusetzen. Ist ein bisschen schade, dass wir jetzt nicht in unserem schönen Trainingszentrum sind und uns auch persönlich begegnen. Aber wir schauen, dass wir das Beste daraus machen." Mit einer solchen Rechtfertigungsorgie zeigen Sie nur, dass Sie selbst von dem Format nicht hundertprozentig überzeugt sind. Sie laden Skeptiker und Erbsenzähler geradezu ein, nach kritischen Punkten zu suchen, bei denen ein Live-Online-Training nicht mit dem Präsenz-Training mithalten kann. Die Kaffeepause ist solch ein Thema. Aber auch das lässt sich lösen, wenn Ihre Teilnehmenden beispielsweise vorab ein kleines Paket bekommen mit Kaffeetasse, Wasserflasche und einem kleinen Snack für zwischendurch.

Stehen Sie hinter dem Live-Online-Format

AGENDA UND ZEITPLAN

Wir stellen die Agenda und den Zeitplan immer am Flipchart vor. Sie selbst können das halten, wie Sie möchten. In einem Präsenz-Training wählen wir eine Trainingsbürgermeisterin oder einen Trainingsbürgermeister, die oder der beim Thema Pausenzeiten und Organisation unterstützt. Auch in einem Live-Online-Training geht das. In unseren Präsenz-Trainings bekommt die Bürgermeisterin bzw. der Bürgermeister dann immer unseren berühmt-berüchtigten Pausenhahn zum Anzeigen der Pausen und eine Ratsche, um die Teilnehmenden wieder einzusammeln. Diese Lowtech-Tools können Sie im Vorfeld an die jeweilige Person versenden, sofern Sie sie vorab ausgewählt haben.

Insgesamt ist eine Verbindung von haptischen Elementen, die Sie vorab versenden, und rein digitalen Formaten und Materialien sehr zu empfehlen. Selbst wenn es aufwendig ist. Je mehr Sinne Sie einbeziehen, umso besser für die positive Emotionalisierung des neuen Formats und natürlich die langfristige Verankerung der Inhalte.

VORSTELLUNG UND AUFGABEN DER TECHNISCHEN MODERATION

Jetzt kommt der Part für Ihre technische Moderation. Diese oder diesen stellen Sie vor wie eine Kollegin, einen Kollegen in einem Training, das sie zu zweit durchführen. Ähnlich wie bei einer Liveschaltung im Fernsehen können Sie jetzt zum Beispiel überleiten an den Kollegen nach Hamburg. Dieser stellt sich kurz vor und erklärt das heutige Tool, den Ablauf des Trainings und der einzelnen Übungen sowie die Nutzung des Chats. Hinweise und Tipps für die technische Moderation behandeln wir ausführlich in einem Sonderteil auf den folgenden Seiten.

TECHNISCHE MODERATION –
SO PACKEN SIE ES AN

PROFESSIONELL
AUFTRETEN

Ihr Auftritt vor der Webcam, während Sie Ihr Intro machen, sollte maximal professionell aussehen. Wenn Sie nicht über das beschriebene Profi-Setup verfügen, nutzen Sie hier Drittanbieter-Tools wie zum Beispiel Manycam oder ChromaCam. Sollten Sie diese Möglichkeit nicht haben, verwenden Sie zumindest die Funktion Ihres Virtual-Meeting-Tools, um Ihre erklärenden Folien oder Darstellungs-Screenshots der einzelnen Punkte als virtuellen Hintergrund anzuzeigen. So gestalten Sie Ihr Intro visuell besonders ansprechend und professionell.

TOOL VORSTELLEN

Bei Ihrem technischen Intro geht es darum, den Teilnehmenden so praxisnah und hilfreich wie möglich die wichtigsten relevanten Funktionen des Virtual-Meeting-Tools zu erklären. Hierfür gibt es zwei Wege:

- Sie nutzen Screenshots und highlighten den entsprechenden Bereich bzw. grauen den nicht relevanten Bereich aus, um so Ihren Teilnehmenden klar zu zeigen, an welchem Punkt Sie gerade sind. Dies lässt sich auch wunderbar verbinden mit einer Präsentation über virtuelle Hintergründe.

- Sie teilen Ihren Bildschirm und zeigen den Teilnehmenden direkt innerhalb des Tools, wo sie welche Funktionen finden und welche Spielregeln zu beachten sind. Wichtig: Denken Sie daran, Ihre Mauszeigergröße zu erhöhen und eine besonders auffällige Farbe für Ihren Cursor zu wählen.

VORBEREITUNG DER
BREAKOUT SESSIONS ETC.

Während das Training startet, nutzen Sie die Zeit und bereiten die kommenden Schritte innerhalb des Trainings vor, zum Beispiel die Breakout Sessions oder die Verwendung von Drittanbieter-Tools für Whiteboards oder Ähnliches. So gewährleisten Sie einen maximal flüssigen Ablauf des Live-Online-Trainings.

SPIELREGELN VORSTELLEN

Die folgenden Spielregeln können Sie für Ihr Live-Online-Training übernehmen und ggf. ergänzen.

Erste Regel: Kamera immer an.

Zweite Regel: Ton bzw. Mikrofon gemutet, wenn man nicht selbst spricht.

Dritte Regel: Technische Fragen direkt an die technischen Moderierenden stellen. Die meisten Tools bieten die Möglichkeit eines personalisierten Chats. Ansonsten alle Fragen an Trainerin oder Trainer oder die anderen Teilnehmenden in den Chat posten.

Vierte Regel: Hand heben mit Symbolen (alternativ mit echtem Handzeichen oder visuellen Hilfsmitteln).

ZWISCHENDURCH ERKLÄRUNGEN LIEFERN

Da Sie in der Regel anfangs nicht alle Funktionen oder Spielregeln erklären können, lässt sich das während des Trainings nachholen. Wenn Sie zum Beispiel Breakout Sessions verwenden, können Sie noch einmal kurz erklären, was jetzt auf die Teilnehmenden zukommt, wie sie die technischen Herausforderungen am besten meistern und welche Funktionalitäten wichtig sind. Hierfür sollten Sie entsprechende erklärende Visualisierungen vorbereitet haben.

PAUSENZEIT ANZEIGEN

Als technische Moderation haben Sie sogar während der Pause eine Aufgabe. Neben der Abstimmung mit der Trainerin oder dem Trainer, ob etwas justiert werden soll, hilft es ungemein, wenn Sie den Teilnehmenden visuell ein Gefühl dafür geben, wie viel Pausenzeit noch übrig ist. Auch im Homeoffice oder im Büro passiert es nämlich schnell, dass aus geplanten 15 Minuten Pause plötzlich 20 Minuten werden. Wie verhindern Sie das? Vereinbaren Sie zu Beginn des Trainings die Spielregel, dass Sie während der Pausenzeiten Ihren Bildschirm teilen und dort einen Countdown abspielen. So können die Teilnehmenden während der Pause immer wieder einen kurzen Blick auf ihren Bildschirm werfen und sehen, wie viel Zeit nun noch übrig ist.

Sie können hierfür die integrierte Alarm- und Uhr-Funktion Ihres Laptops nutzen. Wer über Windows 10 verfügt, kann diese Funktion simpel und einfach über die Suche oder über die Apps aufrufen und dort die Zeitgeberfunktion verwenden und die entsprechende Zeit einstellen. Dieses Fenster wird maximiert und dann für alle

Teilnehmenden geteilt. Oder Sie verwenden ein Tool wie Manycam, um den Countdown auf Ihr eigenes Videobild zu legen und entsprechend der geplanten Zeit anzupassen. Je nach Virtual-Meeting-Tool können Sie sich dann selbst highlighten oder Sie bitten die Teilnehmenden, ihr Videobild anzuheften.

CHAT BETREUEN

Behalten Sie den Chat im Auge, denn hier werden die Teilnehmenden zum einen inhaltliche Fragen stellen und zum anderen Feedback oder technische Fragen eingeben. Beantworten Sie nach Möglichkeit technische Fragen im Chat oder lagern Sie diese auf Privatnachrichten innerhalb des Virtual-Meeting-Tools aus. Sollten inhaltliche Fragen gestellt werden, spielen Sie diese im passenden Moment an die Trainerin oder den Trainer weiter.

GRAUE EMINENZ SEIN

Die technische Moderation spielt sich weitgehend im Verborgenen ab und trägt maßgeblich zum Gelingen des Trainings bei. Aus drei Gründen können Sie sich als graue Eminenz betrachten, die durchaus machtvoll im Hintergrund wirkt:

- Sie führen die Online-Audio-Regie und sorgen dafür, dass unnötige Hintergrundgeräusche vermieden werden. Wie machen Sie das? Nutzen Sie Ihre Rechte als technische Moderation und Host des Meetings, um die Teilnehmenden stummzuschalten, sollten sich diese ungewollt lautgeschaltet haben. Ebenso fordern Sie an den entsprechenden Stellen die Teilnehmenden auf, ihr Mikrofon anzuschalten. Oder Sie schalten ein Mikrofon aus dem Hintergrund an, falls eine Teilnehmerin oder ein Teilnehmer gerade den entsprechenden Button nicht findet.

- Sie leiten die Videoregie. Auch hier können Sie jederzeit aus dem Hintergrund nachhelfen und gegebenenfalls feinjustieren.

- Sie fungieren wie eine Videotechnikerin oder ein Videotechniker bzw. eine Regisseurin oder ein Regisseur und bestimmen, was die Teilnehmenden aktuell auf ihrem Screen sehen. Zum Beispiel geht es darum, dass ein Trainer-Input nicht als eines von zwölf Fenstern erscheint, sondern maximal groß auf dem Screen des einzelnen Teilnehmenden angezeigt wird. Nutzen Sie dafür entweder die integrierte Funktion Ihres Tools, um die Trainerin oder den Trainer zu spotlighten, oder bitten Sie Ihre Teilnehmenden über den Chat oder per Audio, die Trainerin oder den Trainer in den entsprechenden Momenten anzuheften.

UMFRAGEN ODER FEEDBACK EINBINDEN

Zu Ihren Aufgaben gehört es auch, an den entsprechenden Stellen Umfragen oder Tools für Feedback einzubinden.

Sie können hierfür (falls vorhanden) die Umfragefunktion Ihres Virtual-Meeting-Tools nutzen. Bereiten Sie die Umfragen vor, die Sie im Laufe oder am Ende des Trainings benutzen wollen, damit Sie nicht während des Trainings durch das Eintippen von Fragen und Antwortoptionen in Zeitnot geraten. Starten Sie die Umfrage innerhalb Ihres Virtual-Meeting-Tools, erklären Sie gegebenenfalls den Teilnehmenden noch einmal kurz das Prozedere und teilen Sie dann je nach Absprache mit der Trainerin oder dem Trainer die endgültigen Resultate.

Oder Sie verwenden und steuern Drittanbieter-Tools wie Mentimeter oder Kahoot. Hier sollten Sie eine kurze Erklärung des Tools und des Prozesses, der damit einhergeht, vor den eigentlichen Start und die Verwendung dieses Tools schalten. Teilen Sie dann Ihren Bildschirm und starten Sie die Umfrage, indem Sie den Teilnehmenden auf Ihrem Bildschirm die jeweilige Frage oder die Admin-Ansicht zeigen.

TIPPS UND TRICKS LIEFERN

Während des Live-Online-Trainings genießen Sie als technische Moderation den Status des absoluten Technikgurus. Als kleines Take-away für die Teilnehmenden sollten Sie mindestens drei technische Tipps parat haben, bei denen Sie sicher sein können, dass die Teilnehmenden sie noch nicht kennen. Unabhängig vom eigentlichen Trainingsthema verschaffen Sie so den Teilnehmenden einen weiteren kleinen Mehrwert, indem sie neben den Learnings aus dem Training auch noch ein wenig technisches Know-how mitgenommen haben. Das können profane Dinge sein wie die Präsentation über den virtuellen Hintergrund. Oder, sollten Sie Zoom nutzen, die Funktion Originalton (kein automatisches Runterregeln von Geräuschen, die nicht vom aktuell Sprechenden kommen).

KENNENLERNEN

Zur Eröffnungsphase gehört natürlich auch das Thema Kennenlernen der Teilnehmenden untereinander. Hier können Sie alle Übungen, die Sie in Ihrem Präsenz-Training anwenden, leicht adaptiert übernehmen. Sie müssen nur auf das Zeitmanagement achten. Während ein Interview mit gegenseitigem Vorstellen in einem zweitägigen Präsenz-Training vielleicht 30 Minuten dauern kann, ist diese

Übungen aus Präsenz-Trainings adaptieren

Zeitspanne in einem Live-Online-Training, das in vierstündige Module aufgeteilt ist, viel zu lang.

Auch Übungen wie soziometrische Aufstellungen lassen sich gut integrieren. Ein Beispiel: Alle Teilnehmenden und Sie haben die Kamera ausgeschaltet. Sie fragen nun zum Beispiel: Wer hat schon mal an einem Live-Online-Training teilgenommen? Alle, die diese Frage mit Ja beantworten, schalten ihre Kamera ein. So können Sie mit beliebig vielen Fragen verfahren. Die Teilnehmenden lernen also, mit der Technik flexibel umzugehen, und Sie lernen Ihre Teilnehmenden, deren Vorkenntnisse und Erwartungen kennen.

Fürs Kennenlernen und Klären der Erwartungshaltung können Sie eine erste Gruppenübung durchführen. Sie teilen Ihre Gruppe zum Beispiel in Dreier- oder Vierergruppen auf und geben ihnen zwei Fragen für ein gegenseitiges Interview. Die letzte Frage hat etwas mit Ihrem Thema oder direkt mit den Erwartungshaltungen zu tun. Einer aus der Gruppe wird hinterher gebeten, die Ergebnisse kurz vorzustellen. Auf diese Weise haben Sie das Thema Breakout Sessions schon eingeführt. Natürlich nachdem Ihre technische Moderation das Ganze ordentlich erklärt hat.

DER HAUPTTEIL

Nachdem Sie gut vorbereitet die Eröffnung des Trainings gemeistert haben, beginnt nun der Hauptteil. Ihre Teilnehmenden sind motiviert und freuen sich auf Lerninhalte, Übungen, Diskussionen. Ganz so, wie es in einem guten Training sein sollte. Ob als Präsenz- oder Live-Online-Format.

AUFBAU IN TRAININGSMODULEN

Der Hauptteil besteht bei der edutrainment-Methode aus den einzelnen sogenannten Trainingsmodulen. In einem klassischen Präsenz-Training hat ein Trainingsmodul eine Dauer von vielleicht 30 bis 60 Minuten, in Ausnahmefällen sogar bis zu 90 Minuten. In einem Live-Online-Training sind 60 Minuten wahrscheinlich die maximale Dauer, viele Module sind vielleicht nur 15 Minuten lang.

SIEBEN PRINZIPIEN FÜR JEDES MODUL

Jedes edutrainment-Modul folgt den sieben edutrainment-Prinzipien:

- ein guter Einstieg, zum Beispiel eine Story
- eine Demonstration
- ein Praxisteil, der aus Rollenspielen, Simulationen, Übungen besteht
- eine definierte Visualisierung
- ein Symbol
- ein Abschluss
- eine Brücke zur Praxis, dem Transfer; zum Beispiel eine Zusammenfassung durch eine Lernkarte, die Sie im Chat posten und die eine Umsetzungsaufgabe enthält

Diese sieben Prinzipien können Sie für Ihr Live-Online-Training genauso umsetzen. Bei uns kommen zum Beispiel die Symbole zu den einzelnen Themen auch im Live-Online-Training zum Einsatz. Bei den „vier Seiten einer Nachricht" (dem bekannten Kommunikationsmodell von Friedemann Schulz von Thun) ist dies zum Beispiel ein Modell mit vier Ohren in den entsprechenden Farben, das man sich wie einen Hut auf den Kopf setzen kann. Für die Alternativfrage-Methode in einem Verkaufstraining erzählen wir eine Story, die in einem Café spielt, und haben ein Modell von einem Stück Torte auf einem Teller parat.

Tun Sie alles, was dazu führt, dass Ihr Training lebendig ist und sich auch im limbischen System Ihrer Teilnehmenden verankert. Bedenken Sie, eine Information ohne Emotion ist für das Gehirn ohne Bedeutung. Das macht schon klar, dass ein Training, in dem alles nur auf PowerPoint-Folien erklärt wird, selbstverständlich nicht funktionieren kann. Ein Training ist kein Webinar.

NUTZUNG VON WHITEBOARDS

Idealerweise führen Sie jede Menge Gruppenübungen in Breakout Sessions durch und sammeln die Ergebnisse entweder mit der integrierten Whiteboard-Lösung Ihres Virtual-Meeting-Tools oder mit einem externen Whiteboard. Wichtig: Wenn Sie eine externe Whiteboard-Lösung einsetzen, sollte diese nicht zu komplex sein. Sie müssen Zeit einplanen und eine gute Erklärung haben, damit die Teilnehmenden das Tool verstehen und an einem einfachen Beispiel ausprobieren können. Hier kommt die technische Moderation ins Spiel, die sich, je länger Sie zusammenarbeiten, als eine Art Co-Trainer erweisen kann.

ROLLENSPIELE

Im Verhaltenstraining ist es üblich, Rollenspiele zu machen, meistens mit Videofeedback. Das funktioniert auch in Live-Online-Trainings. Die Teilnehmenden bereiten ein Rollenspiel vor und führen dies im Plenum durch. Dazu machen alle die Kamera aus, bis auf die beiden, die das Rollenspiel durchführen. Im Idealfall setzen Sie beim Rollenspiel einen Seminarschauspieler ein. Das ist deutlich realistischer, als wenn die Kollegin oder der Kollege eine Rolle als Kundin oder Kunde, Mitarbeitende oder Mitarbeitender oder Führungskraft übernimmt.

Um das Rollenspiel besser auswerten zu können, zeichnen Sie es am besten mit einem Screencast-Tool auf. So haben Sie die Möglichkeit, das Video hinterher zu analysieren und wichtige Punkte mit der Maus oder einem Smart-Pen zu annotieren. Das sollten Sie allerdings vorher üben. Wenn Sie für das Videofeedback ein Tablet benutzen, können Sie elegant umschalten und dann Kommentare mit Ihrem Smart-Pen eintragen. Das ist deutlich eleganter und praktikabler als wacklige Zeichnungen mit der Maus.

EINSATZ VON ENERGIZERN

Um Ihre Teilnehmenden nicht nur mental bei Laune, sondern auch physisch in Bewegung zu halten, sollten Sie zwischendurch immer wieder kurze Energizer durchführen. Hier funktionieren ebenfalls viele Dinge, die Sie in einem Präsenz-Training durchführen, also zum Beispiel Bewegung zu Musik, Stretching-Übungen, Jonglieren, Ratespiele, ein kurzes Quiz, Übungen aus dem Impro-Theater. Drei bis fünf Minuten sind oft schon ausreichend und sorgen bei Ihren Teilnehmenden und Ihnen für neue Energie. Wir versenden zum Beispiel gerne Material für alle Teilnehmenden inklusive unserer Jonglierbälle. Die können Sie dann immer wieder für kurze Jongliersessions oder andere Übungen einbauen.

PHASE 4:

DER AUSSTIEG

Ihr Trainingstag neigt sich dem Ende zu. Jetzt geht es um den Ausstieg. Hierbei ist natürlich entscheidend, ob es der Ausstieg aus dem Training an sich ist oder nur aus dem ersten, zweiten oder dritten Teil unseres Viermal-vier-Stunden-Beispiels. Auch hier gilt alles, was für Präsenz-Trainings gilt. Sie bieten wahrscheinlich eine Zusammenfassung. Sie lassen die Teilnehmenden mit Lern-Buddys noch einmal reflektieren und indivi-duelle Ziele und Umsetzungspläne entwickeln. Dafür können Sie wiederum Vorlagen in den Chat posten. Am Ende gibt es dann eine Umfrage, zum Beispiel mit dem Trainer Promoter Score und noch ein paar zusätzlichen Fragen sowie die Möglichkeit, in einem Blitzlicht O-Töne einzusammeln.

Nach Vorbild zum Net Promoter Score fragen wir in jedem Training den Training Promoter Score ab (TPS). Das funktioniert gut z. B. mit dem Tool Mentimeter.

Dann ist Ihr Training vorbei. Vielleicht starten Sie wieder Musik. Sie sollten nicht sofort auch das Meeting an sich beenden, sondern es genauso machen wie am Anfang. Bei einem Präsenz-Training schmeißen Sie ja auch nicht sofort die Gruppe aus dem Raum, sondern Sie plaudern noch ein bisschen und lassen das Training emotional sympathisch und positiv ausklingen.

Besuchen Sie **www.menti.com** und benutzen Sie den Code **48 11 45 8**

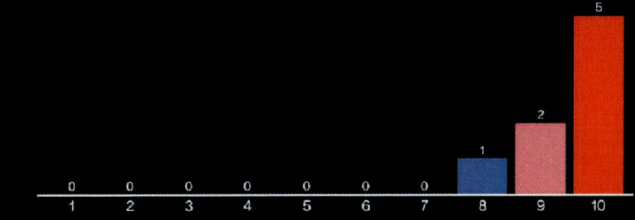

Würdest du das Training weiterempfehlen? (10 = absolut! / 1 = eher nicht.)

PHASE 5:
DIE NACHBEREITUNG

Schließlich sind wirklich alle Teilnehmenden aus dem Meeting verschwunden. Sie und Ihre technische Moderation können jetzt eine erste Auswertung machen und die Dokumentation, zum Beispiel mit Charts, Gruppenergebnissen etc. zusammenfassen und versenden.

ZUSAMMENFASSUNG UND DOKUMENTATION

Da Live-Online-Trainings kleinteilig sind, empfiehlt es sich, eine kurze Zusammenfassung zu jedem Trainingsteil zu machen. Entweder füllen Sie eine Checkliste aus oder Sie machen schnell ein Diktat. Die saubere Dokumentation, welche Inhalte zusätzlich gemacht oder vielleicht weggelassen wurden, welche Eindrücke aus der Gruppe es gab etc., sind besonders wichtig bei Live-Online-Trainings, wenn Sie verschiedene Gruppen in kurzer Zeit zum gleichen Thema, vielleicht sogar beim gleichen Kunden haben. Denn sonst geht Ihnen schnell der Überblick verloren. Jede Nachbereitung ist damit auch schon Teil der Vorbereitung.

BEISPIELHAFTE CHECKLISTE

KUNDE:	*Scheuert KG*
PROJEKT:	*Online Präsentieren*
LOT-SESSION:	*2*
TEILNEHMENDE:	*alle dabei, Dirk Müller kam später*
ABWEICHUNGEN VOM SESSIONPLAN:	*Nutzenargumentaion vorgezogen*
BEMERKUNGEN:	*Henrike Müller will für Session 3 ein Beispiel vorbereiten, längere Diskussion zum Thema XY*
HIGHLIGHTS:	*Jana Teplovic hat super Beispiel mit selbst gezeichneten Hintergründen gezeigt*
LOWLIGHTS:	*2 TN hatten Probleme mit Internet und hatten Kamera tw. ausgeschaltet*
TO-DOS:	*Ablauf Session 3 anpassen*
TPS:	*8,4*
WEITERE KOMMENTARE:	*Wunsch nach Vertiefung zu Workshoptool wurde geäußert*

Wichtig: Verschicken Sie Ihre Dokumentation so schnell wie möglich. Passend zu den kürzeren Zeitspannen, zu den intensiveren Inputs und Inhalten eines Live-Online-Trainings, sollten Sie Ihren Teilnehmenden die Dokumentation des Trainings nicht erst 14 Tage später senden, denn dann ist sie Schnee von gestern. Planen Sie idealerweise als einen der letzten Punkte des Live-Online-Trainings ein, den Teilnehmenden die Dokumentation des Trainings zur Verfügung zu stellen. Hierfür sollten Sie schon in der Vorbereitung gemeinsam mit der technischen Moderation die Dokumentation erstellt haben. Wenn Sie ganz schnell sind, können Sie diese Dokumentation während des Live-Online-Trainings noch um einige gezeichnete Charts anreichern. Nutzen Sie dafür eine App, die Sie auf Ihrem Smartphone verwenden können, um die Fotos Ihrer Charts direkt in ein PDF umzuwandeln und diese dann der technischen Moderation zur Verfügung zu stellen. Diese oder dieser kann dann die Fotos von Ihren Flipchart-Zeichnungen in Ihre vorbereitete Dokumentation integrieren.

DIGITALE FEEDBACKBÖGEN

Lang leben die Happy Sheets, nur sind sie jetzt voll digital. Denken Sie deshalb daran, dass Sie die Ergebnisse Ihrer Feedbackumfrage sichern müssen. Schließlich wird Ihr Kunde wissen wollen, wie Ihre Teilnehmenden das Training bewertet `Virtuelle` haben, welche Punkte sie gut und welche sie verbesserungswürdig `Happy Sheets` fanden. Sollten Sie ein Tool wie Typeform nutzen, haben Sie hier relativ wenig Arbeit, denn die Ergebnisse werden automatisch gesichert. Sollten Sie aber die integrierte Umfragefunktion Ihres Virtual-Meeting-Tools nutzen oder ein Tool wie Mentimeter, empfiehlt es sich definitiv, die Ergebnisse der Umfrage zu sichern. Entweder machen Sie einen Screenshot von Ihren Ergebnissen und speichern diesen korrekt benannt ab. Oder Sie kopieren die Ergebnisse aus dem Virtual-Meeting-Tool heraus und sichern sie in einer separaten Word-Datei.

TRAININGSFOTOS

Während eines klassischen Präsenz-Trainings wurden früher häufig Fotos von den Teilnehmenden in Aktion gemacht. Auch dies muss und darf während eines Live-Online-Trainings nicht fehlen. Klären Sie hier nur vorab, ob das aus Datenschutzgründen möglich ist, zumindest für die interne Verwendung.

Wie stellen Sie das mit den Fotos an? Keine Sorge, Sie müssen sich keine Profikamera mit Stativ kaufen. Nutzen Sie die Screenshot-Funktion Ihres Laptops, um an den entsprechenden Stellen während des Live-Online-Trainings von der gesamten Gruppe oder einzelnen Gruppenarbeiten Screenshots zu machen. So haben Sie die Möglichkeit, wie früher in der guten alten Präsenzwelt, Trainingsfotos mit Ihrer Dokumentation zu versenden oder den Teilnehmenden und Ihrem Kunden separat zur Verfügung zu stellen.

Verschicken Sie Ihre Dokumentation so schnell wie möglich – idealerweise direkt am Schluss des Trainings.

SOS!

NOTFÄLLE IN LIVE-ONLINE-TRAININGS UND WIE MAN SIE LÖST

Während eines Live-Online-Trainings verhält es sich natürlich genau wie bei einem Live-Online-Meeting oder einer Live-Online-Präsentation. Zu jeder Zeit können unerwartete technische Herausforderungen entstehen. Einen Großteil davon haben wir schon in den vorherigen Kapiteln beantwortet. Deswegen möchten wir hier nur auf die dringendsten und gängigsten Problematiken speziell während eines Live-Online-Trainings eingehen.

NOTFALL 1: TRAINERIN BZW. TRAINER VERSCHWINDET

Aus die Maus. Egal wie gut und erprobt das technische Setup der Trainerin oder des Trainers ist, kann es in Ausnahmefällen passieren, dass plötzlich die Internetverbindung instabil ist oder sogar das gesamte technische Setup ausfällt. Hier sollte sofort die technische Moderation aktiv werden: Nicht verzagen, sondern in den Vordergrund springen und kurz die Zeit überbrücken, während die Trainerin oder der Trainer sich neu einwählt. Eine gute Gelegenheit, um ein paar vorbereitete technische Tipps zu servieren. Eine Espressopause für die Teilnehmenden einzuschieben. Oder, falls passend, die Teilnehmenden schon in die jeweilige Gruppenübung zu schicken.

NOTFALL 2:
NICHT ALLE TEILNEHMENDEN SEHEN DAS GLEICHE BILD

Verrückte Welt. Während Ihres Intros oder in den ersten Minuten des Live-Online-Trainings stellt sich heraus, dass ein Teil der Teilnehmenden Sie und die anderen immer nur in der Sprecheransicht sieht. Der Rest der Teilnehmenden hingegen kann Sie und die anderen auch in der Galerieansicht sehen und weitere Funktionen nutzen. Was tun? Zunächst Ruhe bewahren, denn vermutlich ist der Fall eingetreten, den Sie idealerweise schon in der Vorbesprechung mit dem Kunden erörtert haben. Ihre Teilnehmenden haben in diesem Fall unterschiedliche Wege gewählt, um sich ins Live-Online-Training einzuwählen. Vermutlich wird jener Teil der Teilnehmenden, die alles sehen und über alle Berechtigungen und Funktionalitäten verfügen, den Desktop Client des jeweiligen Virtual-Meeting-Tools verwendet haben. Der andere Teil, der nur eine einzige Ansicht und limitierte Funktionen hat, wird den Weg über die Browser-Version des Tools gegangen sein. Sollten Sie diese Problematik in der Vorbesprechung mit dem Kunden nicht ausschließen können, bedenken Sie bei Ihrem Trainingskonzept, dass sich alle Übungen und Inputs mit dem kleinsten gemeinsamen technischen Nenner der Teilnehmenden vereinbaren lassen. Keinesfalls sollte bei denjenigen, die sich über den Browser eingewählt haben, der Eindruck entstehen, nur ein halbfertiges Training zu genießen.

NOTFALL 3: TRAININGSMATERIALIEN KOMMEN NICHT ÜBER DEN CHAT AN

Dieses Problem ist den Nutzerinnen und Nutzern der gängigen Virtual-Meeting-Tools bestens bekannt: Man nutzt den Chat, um zum Beispiel ein JPEG oder PDF zu versenden, doch die Datei kommt nur bei einem Teil der Teilnehmenden an. Hier liegt in der Regel ein Fehler, neudeutsch Bug, des jeweiligen Tools vor. Die Lösung sieht wie folgt aus: Sie nutzen die E-Mail-Adresse, die Sie vor dem Live-Online-Training vom Kunden bekommen haben, um allen Teilnehmenden die Unterlagen und Materialien, die Sie über den Chat verwenden wollten, per E-Mail zuzusenden. Etwas umständlich, aber besser als Haare raufen darüber, dass die Virtual-Meeting-Tools in technischer Hinsicht ihrem rasanten Wachstum hinterherhinken.

NOTFALL 4: TEILNEHMENDE FLIEGEN RAUS

Hin und weg. Während eines Live-Online-Trainings (aber auch bei jedem anderen Live-Online-Meeting) kann es immer mal wieder passieren, dass einzelne Teilnehmende aus dem Meeting hinausfliegen. Das kann zum Beispiel an der Internetverbindung oder an der Hardware der oder des Teilnehmenden liegen. Die technische Moderation sollte hier ein wachsames Auge auf den Warteraum des jeweiligen Virtual-Meeting-Tools haben, um Teilnehmende, die während des Meetings kurz ausgeklinkt waren, so schnell wie möglich wieder hereinzulassen.

SKILLBOXX – ENDLICH BLENDED LEARNING MIT SYSTEM

Falls Sie schon einmal mit uns und der edutrainment company zu tun hatten, kennen Sie vielleicht unsere Skillboxx: ein Multichannel-Blended-Learning-System, das 16 unterschiedliche Lernformate zu über 250 Inhalten aus 12 verschiedenen Themen von Kommunikation über Präsentation, Führung etc. umfasst – fertig geschrieben, definiert und produziert.

Der didaktische Standard

Im Wesentlichen handelt es sich dabei um einen sogenannten didaktischen Standard. Das bedeutet, dass wir definiert haben, auf welche Weise, mit welchen Formaten, für welche Kanäle jeder Inhalt aufbereitet und produziert wird.

Nehmen wir an, es geht um einen Inhalt zum Thema Nutzenargumentation im Verkauf:

- Dazu produzieren wir einen kurzen Text, der die Methode und die Vorgehensweise erklärt.

- Daraus wird eine Zusammenfassung abgeleitet und aus dieser drei Fragen für ein Quiz.

- Wir definieren ein Key Visual zu dem Inhalt, produzieren ein kurzes Trainingsvideo und definieren eine Umsetzungsaufgabe.

- Dann wird mit den sieben Prinzipien das Trainingsmodul für ein Salestraining definiert.

- Diese Prinzipien sind in einem Ablaufplan (Session Lab) dokumentiert, der die Trainingsanweisungen enthält, die Beschreibung der Übungen etc.

- Zusätzlich gibt es vier Webinar-Folien, wenn das Thema noch einmal vertieft behandelt werden soll, drei Coaching-Aufgaben, die in einem potentiellen Coaching verwendet werden können, eine Infografik, die eine Übersicht zeigt, und eine Abgrenzung zum Thema Produktmerkmale und -vorteile.

- Wir produzieren den Text als Hörbuch bzw. Podcast-Format, und aus dem Ganzen wird ein Online-Trainingsmodul erstellt, das flexibel einsetzbar ist.

- Falls wir eine Transfer-App nutzen wollen, gibt es hier auch weitere Fragen, und die Umsetzungsaufgaben werden eingearbeitet.

Nutzen erklären

Key-Visual →

Audiospur als praktischer vorgelesener Inhalt ↙

Servieren Sie Schnitzel

▶ 00:00 ◀))

💡 **Lassen Sie sich die Karte auch als Hörbuch vorlesen.**

Ansprechende Themenbeschreibung →

Stellen Sie sich vor, Sie haben einen Riesenhunger. Sie gehen in ein Restaurant und wollen möglichst schnell ein Riesenschnitzel essen. Sie bestellen, und nach endlosen Minuten kommt der Kellner mit einem Schwein: „Sie haben eine gute Entscheidung getroffen! Das ist ein Bio-Schwein, das sein Leben lang in echtem Dreck gewühlt und echte Kartoffeln gefressen hat. Das können Sie schmecken!" Dann erklärt er, aus welchem Teil des Schweins das Schnitzel gemacht wird, wie wichtig es ist, das Fleisch richtig zu schneiden und dass die Panade aus Bio-Eiern von glücklichen Hühnern und aus Bio-Paniermehl von glücklichen Bäckern besteht. Ganz toll!

Sind diese Infos gut für Sie? Nein!! Sie wollten Schnitzel. Sonst nichts.

Denken Sie bei Ihren Präsentationen immer an die Perspektive Ihrer Zuhörer. Sie sind auf den persönlichen Nutzen Ihrer Präsentation fixiert, so wie ein hungriger Restaurantbesucher auf sein fertig gebratenes, knuspriges, leckeres Schnitzel.

Grundlage Ihrer Argumentation sollte deshalb eine MVP Kette sein. Sie funktioniert so:

Thematisches Hintergrundwissen

1. M: Merkmal	2. V: Vorteil	3. P: Persönlicher Nutzen
Beispiel a : Das ist ein Bio-Schweineschnitzel.	**Beispiel a** : Das Fleisch enthält keinerlei Schadstoffe.	**Beispiel a** : Deshalb ist es gesünder und schmeckt viel besser.
Beispiel b : Die Skillboxx liefert Karten mit Tools zu genau definierten Themen und Skills.	**Beispiel b** : So entsteht eine verständliche Systematik.	**Beispiel b** : Deshalb können Teilnehmer die Tools sehr gut anwenden.

→ Hier haben Sie eine logische Verkettung einer Produkteigenschaft, eines allgemeinen Vorteils und eines individuellen und damit persönlichen Nutzens für Ihre Zielgruppe.

→ Liefern Sie in Ihrer Präsentation MVP- oder auch Schnitzelketten für jede Zielgruppe. Ein Schnitzel für den Vorstand, eines für den Controller, eines für die Kollegen aus dem Projektteam…

→ Wenn Sie mit Powerpoint arbeiten, können Sie für jede MVP-Kette eine eigene Folie bauen. Dann ist für jeden ein Schnitzel dabei – und nach Ihrer Präsentation sind alle satt und glücklich.

Wenn Sie mit Powerpoint arbeiten, können Sie für jede MVP-Kette eine eigene Folie bauen. Dann ist für jeden ein Schnitzel dabei – und nach Ihrer Präsentation sind alle satt und glücklich.

Videos von erfahrenen Trainern und Coaches

Auf einen Blick

- Erzählen Sie nicht die **Geschichte von Schwein**. Oft sind Präsentationen gefüllt mit Fakten, die niemanden außer Sie selbst interessieren.
- Lassen Sie Ihr hungriges Publikum **nicht lange warten**, servieren Sie lieber schnell und frisch.
- Servieren Sie allen Teilnehmern Ihrer Präsentation ein Schnitzel, das nach ihrem Geschmack gewürzt ist. Das heißt: Gestalten Sie Ihre Folien mit **zielgruppenspezifischen MVP-Ketten**.

Knackige Zusammenfassungsboxen

🔲 Wissenslücken finden

Wenden Sie Ihr Wissen an!

Erklären Sie einem Kollegen den Nutzen von MVP-Ketten! Bitte stellen Sie sich jetzt eine Erinnerung ein, so dass Sie in ei...

Umsetzungsaufgaben

○ Erledigt

○ 0/3 Punkte   OK ›

Testen Sie Ihr Wissen

Welche der folgenden Aussagen treffen auf die MVP-Kette zu?

Wählen Sie die richtige Antwort aus. Es ist genau eine Antwort richtig.

○ Sie macht nur Sinn, wenn sie für alle Zuhörer relevant ist.

○ Eine Präsentation sollte MVP-Ketten für verschiedene Zielgruppen enthalten.

○ Es ist nicht sinnvoll, für jede MVP-Kette eine eigene Folie zu bauen.

○ MVP-Ketten überfordern die Zuhörer schnell und sollten möglichst sparsam eingesetzt werden.

○ Eine MVP-Kette gehört erst auf die Schlussfolie – als Zusammenfassung und Abschluss.

○ 0/1 Punkte   OK ›

Eine gute Präsentation basiert auf der MVP-Kette (Stichwort „Schnitzel"). Wofür stehen die drei Buchstaben?

Wählen Sie die richtige Antwort aus. Es ist genau eine Antwort richtig.

○ Maximum Value Presentation

○ Merkmal, Vorteil, Persönlicher Nutzen

○ Mut, Vertrauen, Persönlichkeit

○ 0/1 Punkte   OK ›

Quizfragen

Die umfassende Systematik der Skillboxx erlaubt es uns, die Learner Journeys sehr flexibel zu designen. Da jeder Inhalt schon für die unterschiedlichen Kanäle in den jeweiligen Formaten produziert ist, können wir beispielsweise in einem Live-Online-Training spontan die Lernkarten im Chat posten oder per E-Mail versenden.

Mit den Landkarten können wir spontan Gruppenarbeiten nach dem Prinzip Flipped Classroom durchführen. Da die Key Visuals definiert sind, haben wir automatisch auch ein Key Visual für eine plakative Folie, die wir als Hintergrund für den Greenscreen oder für eine Trainingspräsentation verwenden können. Die Umsetzungsaufgaben helfen zwischen den einzelnen Bausteinen. E-Learning-Inhalte müssen wir nicht extra produzieren, sondern haben sie schon vorliegen, und zwar in kurzen Learning Nuggets von drei bis fünf Minuten Lernzeit. All das passt perfekt zum Thema Online Learning.

Bauen Sie sich eine Systematik auf

Eine solche Systematik können Sie sich auch selbst aufbauen.
Das heißt, es lohnt sich, einen systematischen Blick auf Ihre Standardinhalte zu werfen und zu überlegen, in welcher Form Sie den Content aufbereiten, um ihn optimal für das Selbstlernen und Lernen in der Gruppe einzusetzen.

LIVE ONLINE KONFERIEREN:

REALIS TISCH

bis ins Detail

DIE BESONDERHEITEN VON LIVE-ONLINE-KONFERENZEN

Wenn Sie im Netz recherchieren, was genau man unter einer Konferenz versteht, werden Sie unterschiedliche Definitionen finden: Eine turnusmäßige Veranstaltung, in der Menschen zum Erfahrungsaustausch zusammenkommen. Ein Branchentreffen. Eine Veranstaltung mit Menschen aus einem Unternehmen, zum Beispiel eine Führungskräftekonferenz.

Großes Meeting oder schon Konferenz? Für uns ist eine Konferenz eine Veranstaltung, die sich durch die Anzahl der Teilnehmenden, die Dauer oder die Bedeutung und damit oft auch das Budget von einem normalen Meeting abhebt. Mit 20 Leuten können Sie vielleicht noch ein Meeting machen, mit 50 ist es nach unserem Verständnis schon eher eine Konferenz. In der Regel dauert eine Konferenz länger als einen Tag. Eine eintägige Konferenz würden wir als Tagung bezeichnen.

Ob Sie eine Außendiensttagung mit 50 Teilnehmenden durchführen oder ein Branchentreffen, bei dem sich Hunderte oder vielleicht mehr als 1000 Teilnehmende anmelden können, macht natürlich einen deutlichen Unterschied. Wenn Sie eine größere Veranstaltung planen, nehmen Sie wahrscheinlich eine externe Agentur als Unterstützung zu Hilfe. Das Gleiche empfehlen wir Ihnen für Live-Online-Konferenzen und -Tagungen.

Große Konferenzen werden extrem professionell vor- und nachbereitet. Nicht selten dauert das Planen und Vorbereiten viele Monate, manchmal ein ganzes Jahr.

In der Corona-Zeit waren viele Konferenzen und Tagungen plötzlich gezwungen, spontan auf Live-Online-Formate umzustellen. Das trifft auch für kleinere Veranstaltungen zu, die viele Unternehmen und Organisationen bisher in Eigenverantwortung durchgeführt haben. Inzwischen werden viele Veranstaltungen komplett als Live-Online-Konferenz geplant und durchgeführt. Manche Veranstaltungen sind als Hybridveranstaltung konzipiert, das heißt mit Teilnehmenden, die direkt vor Ort sind, und solchen, die vor dem heimischen oder beruflichen Rechner sitzen. Dieser Mix bietet den Vorteil, dass man im Bedarfsfall komplett online umstellen kann.

KONFERENZEN SIND WAS FÜR PROFIS

Als ich zum ersten Mal bei einer großen Konferenz als Zusammenfasser eingeladen war, reiste ich am Vortag an. Der Konferenzsaal war da schon längst vorbereitet, alles war aufgebaut, und den ganzen Tag über fand ein sogenannter Dry Run statt: Das komplette Veranstaltungsteam war vor Ort, Vorträge wurden geprobt, Kameraeinstellungen, das Licht. Ich realisierte, auf welch großer Bühne ich am nächsten Tag stehen würde. Ich selbst hatte dann auch meinen Testdurchlauf, in dem zum Beispiel genau festgelegt wurde, wo ich stehen und wie ich beleuchtet werden würde. Die Position meines Flipcharts und aller anderen Dinge, die ich bei meinen Zusammenfassungen auf der Bühne benötigte, wurden genau justiert. Am nächsten Tag bei meinem echten großen Auftritt wurde ich von einem freundlichen Kollegen aus der Crew genau an dieser Stelle platziert.

Am Ende der Veranstaltung war ich überrascht, wie schnell es ging, den Saal abzubauen, nachdem die letzten Zuschauenden ihn verlassen hatten. Das Licht war plötzlich wieder hell, in wenigen Minuten wurden alle Stühle weggeräumt, das Material eingepackt etc. Das Ganze erledigt von einer komplett anderen Firma und von Menschen, die ich vorher noch nie gesehen hatte.

Was will ich Ihnen mit dieser Geschichte sagen? Live-Konferenzen sind extrem professionell organisiert – jetzt gilt es, diese Professionalität auch in den Live-Online-Bereich zu bringen.

Eine Konferenz ist viel mehr als ein Meeting. Sie ist ein Event. Bei Events geht es darum, Inhalte zu emotionalisieren. Deshalb wählen Sie einen besonderen Ort für Ihre Veranstaltung aus, laden besondere Speakerinnen und Speaker ein, machen sich Gedanken über das Catering, die Deko, die Art der Einladung, die Form der Dokumentation. All das gilt natürlich auch online. Wer eine größere Veranstaltung wie eine Tagung oder eine Konferenz genauso organisiert und abspult wie ein einfaches Live-Online-Meeting – mit einem der üblichen Tools, nur mit größerer Teilnehmendenzahl –, wird kaum Begeisterung wecken. Das wäre dann ungefähr so, als würden Sie eine Präsenz-Tagung oder -Konferenz einfach in einer leeren Werkshalle durchführen. Sie würden Stühle aufbauen, vorne ein einfaches Mikro mit Lautsprechersystem hinstellen und nacheinander ein paar Rednerinnen und Redner auftreten lassen. Für eine derart plumpe Veranstaltung würden Sie sich wahrscheinlich schämen.

Events brauchen Emotion

Auch online sollten Sie deshalb alles tun, damit Ihre Teilnehmenden die Veranstaltung so in Erinnerung behalten, wie Sie das geplant haben. Sie brauchen herausragende Technik, eine professionelle Moderation, gute Speakerinnen und Speaker, den richtigen Format-Mix aus Vortrag, Interview, Plenumsdiskussion, Breakout Sessions, Ausstellung, Networking, Catering sowie die eine oder andere Überraschung.

Der Aufwand bleibt hoch Ist das alles online möglich? Ja. Bedeutet es weniger Aufwand als für Ihre Präsenz-Konferenz oder -Tagung? Leider nein. Sie sparen Raummiete, vielleicht das Catering und natürlich die Reisekosten, aber ansonsten wird es keinesfalls weniger aufwendig, denn manche Dinge erfordern mehr Aufmerksamkeit, mehr Planung und damit auch mehr Aufwand als bei Präsenz-Events. Worauf es wirklich ankommt, das schildern wir Ihnen auf den folgenden Seiten.

SO LÄUFT DIE KONFERENZ AB

Es macht einen großen Unterschied, ob Sie eine interne Führungskräfteveranstaltung oder eine Konferenz für zahlendes Fachpublikum mit jeder Menge externer Speakerinnen und Speaker, Workshop Sessions und einer Ausstellungsfläche als Live-Online-Format durchführen. Wenn Sie eine kostenpflichtige Großveranstaltung planen wollen, werden Sie sicherlich nicht dieses Buch zurate ziehen, sondern sich eine professionelle Agentur suchen oder mit Ihrer aktuellen Agentur zusammenarbeiten. Aber für viele kleinere Formate, die Sie selbst durchführen, gelten alle unsere Hinweise rund um die Themen Präsentation, Technik, Moderation etc.

Im Folgenden konzentrieren wir uns formatbedingt auf die Phasen Vorbereitung und Hauptteil. Die restlichen Phasen, die Sie aus den vorherigen Kapiteln kennen, spielen für Live-Online-Konferenzen eine weniger gewichtige Rolle.

WIE IST DIE AUSGANGSLAGE?

Grundsätzlich planen Sie Ihre Live-Online-Konferenz bzw. -Tagung genauso wie eine Präsenzveranstaltung. Sie haben einen internen oder externen Auftraggeber. Also machen Sie eine genaue Bestandsaufnahme und planen, worum es bei dieser Konferenz gehen soll. Was ist das Thema? Wie sieht die Zielsetzung aus? Um welche Zielgruppe handelt es sich? All das gilt genauso online.

Einen Unterschied macht es jedoch, ob Sie eine bestehende Veranstaltung in ein Live-Online-Format umwandeln oder eine komplett neue Konferenz oder Tagung zum ersten Mal online durchführen. Wenn Sie ein bestehendes Format in ein Live-Online-Format umwandeln, müssen Sie damit rechnen, dass Ihre Zielgruppe vielleicht skeptisch ist. Nicht alles, was die Teilnehmenden von einer turnusmäßigen Veranstaltung gewohnt sind, lässt sich eins zu eins online umsetzen. Das sollten Sie berücksichtigen.

WELCHE ZIELGRUPPE HABEN SIE?

Bei der Zielgruppenanalyse sollten Sie den digitalen Reifegrad Ihrer Teilnehmenden im Blick haben. Wahrscheinlich ist dieser sehr heterogen, sprich divers. Unsere in Kapitel 1 dargestellten Reifegrade sind mindestens vertreten, vielleicht sogar ein paar Teilnehmende, die sich unterhalb der niedrigsten Stufe befinden. Falls Sie viele Unerfahrene haben, müssen Sie sehr genau aufpassen, was Sie ihnen zutrauen bzw. zumuten können.

Bei Veranstaltungen mit mehr als 100 Teilnehmenden empfehlen wir, ein Persona-Konzept zu entwickeln. Versuchen Sie, Ihre Zielgruppe so gut wie möglich zu verstehen und sich dann optimal auf sie einzustellen. Wenn Sie zum Beispiel 50 Prozent unerfahrene Personen haben, für die es die erste Live-Online-Konferenz ist, dürfen Sie diese nicht überfordern. Entwickeln Sie ein Konzept, bei dem die Teilnehmenden eher passiv bleiben und sich auf eine eher TV-mäßige Show konzentrieren können. Falls Sie gleichzeitig rund

30 Prozent Teilnehmende haben, die als Zielgruppe besonders wichtig sind und über einen deutlich höheren digitalen Reifegrad als die Stufe Profi verfügen, sollten Sie diesen anspruchsvolle interaktive Zusatzangebote bieten. Das könnte zum Beispiel ein virtueller Messerundgang sein. Hierfür werden Sie wahrscheinlich ein ganz anderes Tool einsetzen. Damit verändert sich das Design Ihrer Veranstaltung komplett.

Für die erfolgreiche Live-Online-Konferenz gilt daher: Klären Sie sehr genau die Ziele Ihrer Veranstaltung und analysieren Sie Ihre Zielgruppe gründlich.

MIT WELCHEM BUDGET ARBEITEN SIE?

Ihr Konzept mit Ihrem Budget zu synchronisieren, ist bei Live-Online-Konferenzen genauso wichtig wie bei Präsenzkonferenzen. Wer glaubt, online sei immer günstiger, ist auf dem digitalen Holzweg. Je stärker Sie Ihre Live-Online-Konferenz oder -Tagung „eventisieren", also einen virtuellen Erlebnisraum schaffen, vielleicht auch Hybridelemente einsetzen wie Teilnehmende-Kits mit Catering-Elementen, umso mehr belastet das Ihren Geldbeutel. Nach oben gibt es keine Grenzen. Manche Unternehmen versenden schon für den normalen Online-Termin mit dem Außendienst ein Paket mit Give-aways. Da heißt es natürlich, bei einer Live-Online-Konferenz noch eine Schippe draufzulegen.

WIE SIEHT DER EINLADUNGSPROZESS AUS?

Wenn wir bei einer Konferenz oder Tagung von einem Event sprechen, meinen wir umgangssprachlich, dass es eine besondere Veranstaltung ist, nichts Alltägliches. Insofern haben wir besondere Anforderungen und Erwartungen. Ein Event zu gestalten, bedeutet, die gesamte Veranstaltung von Anfang bis Ende stark zu emotionalisieren.

Die Einladung zu einem Standardtraining erhalten die Teilnehmenden vielleicht durch ein Learning-Managementsystem. Das wäre eine automatisch generierte E-Mail. Die Einladung zu einer Führungskräftetagung, bei der ein CEO spricht, kommt beispielsweise per Post nach Hause, oder man erhält eine E-Mail mit einem Link zu einem Video. Oder es gibt eine eigene Landing Page für die gesamte Kommunikation zur Veranstaltung.

Wenn Sie bislang viel Aufwand bei der Einladung betrieben haben, sollten Sie dies ruhig beibehalten. Vielleicht ist es sogar gut, für eine digitale Live-Online-Veranstaltung eine sehr analoge Einladung auf edlem Papier zu versenden, mit der persönlichen Unterschrift des Veranstalters, dazu ein Teilnehmende-Kit, in dem Überraschungen enthalten sind, die nach und nach während der Konferenz ausgepackt werden.

WIE IST DER „VERANSTALTUNGSORT" ANGELEGT?

Bei einer Präsenzkonferenz besteht der Veranstaltungsort je nach Veranstaltung aus Bühne, Saal, Ausstellungsfläche, Catering-Orten und Hotels. Dazwischen gibt es den Transfer, der meistens gut geplant werden muss. Genauso können Sie auch Ihre Online-Veranstaltung anlegen. Der Ort ist in diesem Fall Ihr Live-Online-Konferenz-Tool, hier gibt es eine bunte Auswahl. Wenn Sie in einem größeren Unternehmen arbeiten, verwenden Sie wahrscheinlich ein standardmäßiges Virtual-Meeting-Tool. In den meisten Fällen können Sie das auch für Ihre Konferenz einsetzen.

Falls Sie eine Veranstaltung mit externen Teilnehmenden planen, vielleicht auch solchen, die sich frei anmelden, wählen Sie aus den am Markt verfügbaren Tools. Hier entscheiden Ihre individuellen Kriterien hinsichtlich des Datenschutzes und der Kosten über die Auswahl.

Die einfachste Form einer Konferenz ist: Sie haben eine Bühne und einen Saal. Dieses Setting können Sie mit den meisten Standard-Virtual-Meeting-Tools durchführen. Wenn Sie zusätzlich Ausstellungsflächen digital abbilden wollen, auf denen sich Abteilungen oder Unternehmen mit eigenen Beiträgen oder kompletten Messeständen präsentieren, benötigen Sie ein Spezial-Tool wie Expo-IP oder HopIn. Auch hier ist die Auswahl an Tools groß. Wir empfehlen Ihnen, in einem solchen Fall unbedingt eine Profiagentur hinzuzuziehen.

Was ist bei der Bühne zu beachten? Stellen Sie sich folgende Situation vor: Sie haben einen schicken großen Saal gemietet, extrem hohen Aufwand betrieben, viel Geld investiert. Jetzt kommt der Moment: Ihre wichtigste Rednerin oder Ihr wichtigster Redner wird angekündigt, tritt aber nicht auf der großen Bühne auf, sondern in einem kleinen dunklen Kellerraum, in dem das Schminkstudio untergebracht ist. Das wäre ziemlich skurril und würde den Auftritt stark konterkarieren.

So ungefähr würde es sich anfühlen, wenn die Moderation Ihrer Live-Online-Konferenz in einem professionellen Studio steht und dann an eine Rednerin oder einen Redner übergibt, die oder der schlecht ausgeleuchtet im heimischen Esszimmer hockt. So etwas wollen Sie unbedingt vermeiden, deshalb sollten Sie den Auftritt Ihrer Vortragenden professionell planen: Hintergründe, Beleuchtung, Ton und Kamera, vielleicht sogar die Kleidung, denn das falsche Sakko und ein Streifenhemd können in Online-Übertragungen zu unangenehmen Flimmer-Effekten führen.

Setzen Sie Ihre Vortragenden und Ihre Moderation im wahren Sinne des Wortes perfekt ins Licht. Unterstützen Sie sie bei den Details für einen professionellen Live-Online-Konferenz-Auftritt.

WORAUF KOMMT ES BEIM TECHNISCHEN SETUP AN?

Während Sie für Live-Online-Meetings auf Ihr eigenes Setting im Unternehmen oder Homeoffice zurückgreifen, empfiehlt es sich, für eine Live-Online-Konferenz eine echte Studiosituation zu schaffen. Hierbei gibt es zwei Grundsituationen.

Situation 1: Sie haben ein professionelles Online-Studio, das quasi wie ein TV-Studio funktioniert, von dem aus Sie zu den Referierenden wechseln, die alle in ihrer eigenen Berufsumgebung oder Homeoffice-Situation sind.

Situation 2: Sie haben einen Veranstaltungsort, von dem aus Sie die Live-Online-Konferenz durchführen. Die Moderierenden und die jeweiligen Vortragenden treten dort live auf. Mittlerweile gibt es in vielen deutschen Städten Studios, die Sie für genau solche Veranstaltungen anmieten können. Zudem bieten einige bekannte Vortragende extrem professionelle Online-Studios zur Miete an.

In der einfachsten Variante bauen Sie ein Videostudio für die Veranstaltung an einem Ort Ihrer Wahl auf. Das kann ein üblicher Meeting-Ort sein oder eine besondere Event-Location.

Weil Sie für eine Konferenz immer ein Studio brauchen, aus dem Sie senden, gibt es auch immer unterschiedliche Rollen und Aufgaben zu verteilen. Bei jeder großen Präsenzkonferenz haben Sie ein Audioteam, das für den Ton zuständig ist. Alle Vortragenden bekommen ein Headset, und die Tonleute sind dafür zuständig, dass jedes Wort gut zu verstehen ist. Manchmal haben Sie vielleicht auch noch ein Videoteam vor Ort, weil die Auftretenden gefilmt und live auf Monitore übertragen werden.

Genau das gleiche Setup benötigen Sie für eine Live-Online-Konferenz. Keine Angst, das Ganze muss gar nicht so aufwendig sein. Live-Online-Konferenzen durchzuführen bedeutet letztlich, dass Sie im kleinen Maßstab IP-TV betreiben. Sie haben ein Videoteam mit Regie, Kameramann und der entsprechenden Technik. Für den guten Ton setzen Sie hoffentlich auf professionelle Headsets. Je nach Aufwand brauchen Sie also eine Video-Regie und eine Kamerafrau bzw. einen Kameramann, um die Tagung durchzuführen. Das ist die Mindestanforderung. Zusätzlich benötigen Sie eine technische Moderation für das Virtual-Meeting-Tool, das Sie einsetzen.

WELCHES TOOL WOLLEN SIE NUTZEN?

Mit den gängigen Virtual-Meeting-Tools lassen sich auch Veranstaltungen mit mehreren 100 oder sogar 1000 Teilnehmenden gut durchführen. Die Anbieter haben mittlerweile unterschiedliche Varianten entwickelt. Durch geschickte Kombination von Tool und Videotechnik sowie Studios vor Ort lassen sich auch professionelle Settings ohne Monsterbudgets realisieren.

Wie bereits erwähnt, gibt es bereits Tools, die sich auf Großveranstaltungen spezialisiert haben und mit verschiedenen Preismodellen und auch sehr unterschiedlichen technischen Reifegraden aufwarten. Für die Auswahl des richtigen Tools spielt eine Rolle, ob es sich um ein einmaliges Ereignis handelt oder um die Umwandlung einer regelmäßig stattfindenden Veranstaltung in ein Live-Online-Format. Viele sehr klassische Events sind im Jahr 2020 notgedrungen in die virtuelle Zukunft gesprungen. Zum alten Format wird man nicht komplett zurückkehren. Die Hybridkonferenz mit Teilnehmenden vor Ort und vor dem heimischen bzw. beruflichen Rechner wird künftig normal sein.

Wir stellen beispielhaft zwei mögliche Settings und Abläufe für Sie dar. Zum einen eine interne Vertriebstagung, zum anderen eine offene Veranstaltung mit bis zu 500 Teilnehmenden, die sich kostenpflichtig anmelden, um an einem Branchentreffen teilzunehmen.

SETTING 1: AUSSENDIENSTTAGUNG

Ein Pharmaunternehmen führt jedes Jahr eine dreitägige Außendiensttagung durch. Bei Anreise am ersten Tag der Veranstaltung und Abreise am letzten Tag ergibt sich eine Nettotagungszeit von knapp zwei Tagen. Diese komplett online zu übersetzen, wäre eher unklug. Wir empfehlen die Aufteilung zum Beispiel auf eine komplette Woche mit unterschiedlichen Zeitblöcken von maximal vier Stunden, sodass sich die Nettota-gungszeit sogar ohne Probleme verlängern lässt.

Üblicherweise besteht eine Außendiensttagung aus unterschiedlichen Formaten wie:
• Inputs von Fachabteilungen, wie zum Beispiel Marketing und Produktmanagement,
• Präsentationen vom Topmanagement,
• Trainings, zum Teil mit externen oder internen Dienstleisterinnen und Dienst-leistern sowie Trainerinnen und Trainern,
• Workshop-Phasen,
• Auftritte externer Vortragender,
• Ehrungen, Einführungen, Verabschiedungen und Preisverleihungen,
• Zusatzevents, die üblicherweise extern an anderen Locations stattfinden und
• viele Möglichkeiten für Socializing, meistens gepaart mit leckerem Essen und Trinken.

Wie setzt man das jetzt online um? Eigentlich genauso wie bei einem reinen Live-Event. Hier ein beispielhafter Ablauf:

Tag 1 – gemeinsam mit einer externen Agentur

Start ab 12.00 Uhr Virtuelles Get-together / Gemeinsamer virtueller Kaffee: Jeder, der möchte, kann den virtuellen Pausenraum schon betreten und gemeinsam mit den anderen einen Kaffee oder ein anderes Getränk genießen.

13.00 - 13.30 Uhr Eröffnung der Online-Tagung (ggf. durch eine externe Moderation), Begrüßungsworte durch zum Beispiel die Direktorin oder den Direktor, Vorstellung der Agenda, gemeinsames Öffnen der vorab verschickten Pakete, Gruppenfoto/Screenshot mit Gimmick aus dem Paket.

13.30 - 14.00 Uhr Klassisches Business Update – aber im Interview-Format mit der Moderatorin, dem Moderator.

14.00 - 14.15 Uhr Komprimiertes Update weiterer Führungskräfte.

14.15 - 14.30 Uhr Pause / Countdown und Pausenmusik.

14.30 - 15.00 Uhr Interview einer externen Fachperson durch eine interne Mitarbeiterin oder einen internen Mitarbeiter.

15.00 - 16.00 Uhr Externer Impuls durch eine Speakerin oder einen Speaker, zum Beispiel zum Thema „Eigenmotivation im Homeoffice".

16.00 - 16.15 Uhr Zusammenfassung (auch visuelle Zusammenfassung durch die Moderation möglich) und Abschluss.

Tag 2 – intern

Start ab 08.45 Uhr

Virtuelles Get-together / Gemeinsamer virtueller Kaffee: Jeder, der möchte, kann den virtuellen Pausenraum schon betreten und gemeinsam mit den anderen einen Kaffee oder ein anderes Getränk genießen.

09.00 Uhr

Eröffnung des zweiten Tages.

09.05 - 11.30 Uhr

Unterschiedliche Updates und Präsentationen aus internen Abteilungen (Marketing, Compliance etc.).

11.30 - 13.00 Uhr

Mittagspause.

13.00 - 14.00 Uhr

Weitere Updates.

14.00 - 14.15 Uhr

Pause (bei den vielen Updates auch dringend notwendig).

14.15 Uhr - 14.45 Uhr

Letzte Updates.

14.45 - 15.00 Uhr

Zusammenfassung und Verabschiedung.

Tag 3 – gemeinsam mit externer Agentur

08.45 - 09.00 Uhr Virtuelles Get together / Gemeinsamer virtueller Kaffee: Jeder, der möchte, kann den virtuellen Pausenraum schon betreten und gemeinsam mit den anderen einen Kaffee oder ein anderes Getränk genießen.

09.00 - 09.05 Uhr Begrüßung.

09.05 - 11.00 Uhr Interaktives Live-Online-Training zu einem vorher abgestimmten Softskill-Thema, Part 1.

11.00 - 13.00 Uhr Mittagspause.

13.00 - 15.00 Uhr Interaktives Live-Online-Training zu einem vorher abgestimmten Softskill-Thema, Part 2.

15.00 - 16.15 Uhr Pause.

16.15 - 16.30 Uhr Virtuelles Get-together / Gemeinsamer virtueller Kaffee: Jeder, der möchte, kann den virtuellen Pausenraum schon betreten und gemeinsam mit den anderen einen Kaffee oder ein anderes Getränk genießen

16.30 - 17.00 Uhr An dieser Stelle ist Raum für mögliche „Events" und Feiern, die auf einer ADT üblicherweise stattfinden, wie zum Beispiel die Verabschiedung oder Ehrung von Kolleginnen und Kollegen.

17.00 - 18.00 Uhr Gemeinsames virtuelles Ausklingen der Online-Feierlichkeiten.

Tag 4 – intern

08.45 - 09.00   Virtuelles Get-together / Gemeinsamer virtueller Kaffee: Jeder, der möchte, kann den virtuellen Pausenraum schon betreten und gemeinsam mit den anderen einen Kaffee oder ein anderes Getränk genießen.

09.00 - 09.05 Uhr   Begrüßung.

09.05 - 10.30 Uhr   Ausblick – kommendes Jahr.

10.30 - 10.45 Uhr   Fragen und Antworten.

10.45 - 11.00 Uhr   Abschluss und Zusammenfassung.

11.00 Uhr   Ende.

Eine Konferenz ist ein Event.
Es geht darum, Inhalte
zu emotionalisieren.

SETTING 2: TAGUNG EINES BERUFSVERBANDES

Ein Berufsverband führt einmal jährlich eine Konferenz durch, die jeweils ein aktuelles Thema hat. Es gibt unterschiedliche Fachgrößen aus der Branche, die einen Vortrag halten. Die Veranstaltung dauert in der Regel zwei Tage und ist für die Teilnehmenden eine wichtige Netzwerkveranstaltung. Auch hierfür ein beispielhafter Ablauf:

Tag 1

Virtuelles Ankommen: Musik läuft im Hintergrund, ggf. auch ein Trailer, in dem auch technische Tipps und Spielregeln zu sehen sind.

09.30 - 09.45 Uhr	Begrüßung, Agenda, Ablauf.
09.45 - 10.00 Uhr	Breakout Session: Interview, Kennenlernen in Breakout Sessions, zufällige Zuteilung.
10.00 - 10.45 Uhr	Anmoderation und erster Vortrag.
10.45 - 11.00 Uhr	Anschließende Fragerunde.
11.00 - 11.15 Uhr	Virtuelle Kaffeepause.
11.15 - 12.00 Uhr	Anmoderation und zweiter Vortrag.
12.00 - 12.10 Uhr	Anschließende Fragerunde.
12.15 - 12.45 Uhr	Raum für Interaktion, zum Beispiel moderierte Diskussionen in Breakout Sessions.
12.45 - 13.45 Uhr	Mittagspause.
13.45 - 14.30 Uhr	Anmoderation und dritter Vortrag.
14.30 - 14.45 Uhr	Anschließende Fragerunde.
14.45 - 15.00 Uhr	Virtuelle Kaffeepause.
15.00 - 15.45 Uhr	Anmoderation und vierter Vortrag.
15.45 - 16.00 Uhr	Anschließende Fragerunde.
16.00 Uhr	Gemeinsamer Abschluss der Tagung. Ggf. noch gemeinsames Abendprogramm, zum Beispiel Wine Tasting, gemeinsames Kochen etc.

Tag 2

09.00 - 09.15 Uhr	Begrüßung, Agenda, Ablauf Tag 2.
09.15 - 09.30 Uhr	Breakout Session: Interview (Wie war der gestrige Tag?).
09.30 - 10.15 Uhr	Anmoderation und erster Vortrag.
10.15 - 10.30 Uhr	Anschließende Fragerunde.
10.30 - 10.45 Uhr	Virtuelle Kaffeepause.
10.45 - 11.30 Uhr	Anmoderation und zweiter Vortrag.
11.30 - 11.45 Uhr	Anschließende Fragerunde.
11.45 - 12.30 Uhr	Raum für Interaktion, zum Beispiel moderierte Diskussionen in Breakout Sessions.
12.30 - 13.30 Uhr	Mittagspause.
13.30 - 14.15 Uhr	Anmoderation und dritter Vortrag.
14.15 - 14.30 Uhr	Anschließende Fragerunde.
14.30 - 15.00 Uhr	Ausblick kommendes Jahr, gemeinsamer Abschluss.
15.00 Uhr	Ende.

SPEAKER-TYP BEACHTEN

Ob Sie eine Speakerin bzw. einen Speaker haben oder eine Referentin bzw. einen Referenten, ist eigentlich nur ein begrifflicher Unterschied. Aber oft verbirgt sich hinter dem Begriff auch ein anderes Selbstverständnis und nicht selten eine unterschiedliche Professionalität im Auftreten. Das ist für ihre Live-Online-Konferenz besonders wichtig. Einfach nur ein paar Tipps zu versenden, in der Hoffnung, der angesehene Fachexperte, der schon dreimal auf Ihrer Konferenz erfolgreich aufgetreten ist, meistere jetzt auch seinen Live-Online-Auftritt, wäre etwas zu kurz gesprungen.

Technikcheck und Testlauf machen Hier kommt es darauf an, erstens ein realistisches Setup zu definieren und zweitens die Profis auch entsprechend vorzubereiten. Ein Technikcheck und idealerweise auch ein Dry Run (Testlauf) sind aus unserer Sicht zwingend. Selbst Profis scheitern oft in einer Live-Online-Konferenz, wenn sie ihr Setting, das sie zu Hause aufgebaut haben, plötzlich live senden sollen. Einfache Probleme wie das Thema zwei Bildschirme, dass wir an anderer Stelle schon besprochen haben, werden hier zum Risiko. Insofern sollten Sie mit jedem einzelnen Ihrer Vortragenden einen Technikcheck und Testlauf durchführen.

Wir haben vier Fälle von typischen Vortragenden zusammengestellt:

Der Profi-Speaker aus alten Zeiten
Er ist auf der Livebühne viele Jahre sehr erfolgreich aufgetreten. Jetzt kommt es online auf zusätzliche Kompetenzen an: Wie ist seine technische Ausstattung? Hat er ein echtes Studio oder glaubt er, die heimische Bücherwand als Hintergrund sei professionell genug? Das sollten Sie vorher klären. Aber Achtung: Für den erfahrenen Top-Speaker ist es ehrenrührig, nach seiner digitalen Kompetenz befragt zu werden. Hier heißt es, Fingerspitzengefühl beweisen – oder am besten gleich jemanden einsetzen, den Sie schon mit einem überzeugenden Auftritt auf einer Live-Online-Konferenz erlebt haben.

Der unbedarfte Experte
Bei vielen Konferenzen treten Fachpersonen auf, die keine Speakerinnen und Speaker sind. Auch diese sollten Sie gründlich prüfen und vorbereiten. Der Fachexperte, der die erfolgreiche Einführung einer Beschaffungssoftware in seinem Unternehmen auf Ihrer Konferenz vorstellen soll, sieht dies vielleicht wie den Auftritt in einem internen Live-Online-Meeting und ist sich der großen virtuellen Bühne nicht bewusst. Hier sollten Sie vorab mit einem entsprechenden Briefing-Dokument Ihre Erwartungshaltung klären und einen Probelauf verabreden. Manchmal ist es auch besser, das Format zu wechseln. Warum den Experten nicht auch interviewen und den Auftritt damit deutlich interaktiver gestalten?

Die Koryphäe

Kürzlich haben wir ein Konzept für eine Online-Tagung zu einem Nischenthema für Juristinnen und Juristen aus dem Hochschulbereich erstellt. Im Briefing wurden wir mehrfach vom Auftraggeber auf die besonders sensible Behandlung der Fachgrößen vorbereitet, zum Teil emeritierte Hochschullehrerinnen und Hochschullehrer, die aufgrund ihrer juristischen Expertise in einem sehr spezifischen Themenfeld fast schon Legendenstatus genießen. Einen professionellen Live-Online-Auftritt konnte man jedenfalls nicht unbedingt erwarten. In solchen Fällen empfehlen wir, ein sehr genaues Briefing zu geben, persönliche Gespräche zu führen und einen Probelauf zu machen. Einfach nur ein schriftliches Briefing zu versenden, wird hier erst recht nicht zum Erfolg führen.

Der digitale Vollprofi

Sie haben alles richtig gemacht und eine Digital Native verpflichtet, die ihr Geld als Speakerin in der digitalen Community verdient. Alles bestens, könnte man denken. Aber Vorsicht: Diese Speakerin könnte Ihr Publikum überfordern. Vielleicht will sie unbedingt das exotische neue Abstimmungstool eines chinesischen Startups einsetzen, das leider gegen alle Sicherheitsbestimmungen Ihrer Veranstaltung verstößt und die Teilnehmenden in der Anwendung vor massive Probleme stellt. Oft ist auch das hochkomplexe technische Setup störanfällig wie ein Formel-1-Auto. Deshalb auch in diesem Fall einen Technikcheck mehrere Tage vor dem Event zur Bedingung machen.

Tipps & Tricks für erfolgreiche Konferenzen

TIPP 1: TAGUNGSSUPPORT BIETEN

Von Präsenzkonferenzen sind wir Infostände, Einweisungen durchs Servicepersonal und einen zu jeder Zeit erreichbaren Hilfestand gewohnt. Online darf genau das, also der Tagungssupport, ebenfalls nicht fehlen. Denn nur weil der Bewegungsradius der einzelnen Konferenzteilnehmenden sich auf maximal zwei bis drei Meter rund um den eigenen Laptop beschränkt, heißt das nicht, dass die Probleme, die wir von klassischen Präsenzkonferenzen kennen, nicht auch online auftreten können. Da findet jemand den Meeting-Raum nicht, kann sich gar nicht erst online einwählen, hat keinen Zugriff mehr auf das Konferenzprogramm und möchte wissen, wann der nächste Programmpunkt stattfindet, oder ihr bzw. sein Mikrofon oder Headset funktioniert nicht. All diese Probleme dürfen dann nicht bei den jeweiligen Konferenz-

Hilfestellung geben ist auch online wichtig

teilnehmenden bleiben. Dies führt zu Frust und einem Negativ-Konferenzerlebnis. Genau aus diesem Grund braucht es einen stets erreichbaren Tagungssupport, der Probleme löst, technische Hilfestellungen gibt und Informationen bereitstellt.

Wie lässt sich ein solcher digitaler Tagungssupport umsetzen?

Variante 1: per Telefon oder Hotline
Richten Sie für Ihre digitale Konferenz eine jederzeit erreichbare Hotline ein, über die Tagungsteilnehmende den Support erreichen können, um ihre technischen und anderweitigen Fragen zu klären.

Variante 2: per digitalem Tagungschat
Sie kennen das vielleicht von Websites, auf denen Sie ein Chatbot fragt, ob Sie Hilfe oder Informationen brauchen. Gleiches ist nun auch für eine digitale Konferenz denkbar. Nur sollten Sie den Chatbot durch real existierende Menschen ersetzen, die jederzeit über den Chat angeschrieben werden können, um Informationen und technische Hilfestellung zu liefern.

Variante 3: per Meeting-Raum bzw. Breakout Session
Innerhalb der digitalen Konferenzstruktur richten Sie einen virtuellen Meeting-Raum ein, in dem sich immer mindestens ein oder zwei Personen befinden, die technische Hilfestellung und Informationen geben. Die Konferenzteilnehmenden können sich jederzeit in diesen Meeting-Raum einwählen, um ihre Fragen und Probleme loszuwerden.

Hinweis: Die drei Varianten können sich auch gegenseitig ergänzen. Am sinnvollsten erscheint uns eine Kombination aus mindestens zwei der drei Varianten.

TIPP 2: ÜBERRASCHUNGSPAKETE ODER KONFERENZBOXEN BEREITSTELLEN

Wer sagt, dass eine digitale Konferenz ohne haptische Materialien auskommen muss? Gerade der Mix von echten Gegenständen und einem perfekt durchgestylten virtuellen Konferenzerlebnis schafft den nötigen Wow-Effekt bei den Teilnehmenden.

Wenn pünktlich zum Konferenzbeginn die Paketpost mit einem schön verpackten Paket, gebrandet natürlich im Stil der Veranstalterin oder des Veranstalters, an die Tür klopft, entlockt das auch dem hartgesottensten Fan von Präsenztagungen ein kleines Lächeln. Was könnte eine solche Überraschungsbox enthalten? Zum einen natürlich die üblichen Programmhefte, die Agenda, Flyer und Informationen zu den Vortragenden, der Veranstalterin oder dem Veranstalter und weitere Materialien, zum anderen aber auch Überraschungsgimmicks. Zum Beispiel könnte es für jeden der einzelnen Konferenztage einen separaten Brief geben, der erst nach Aufforderung durch die Moderation geöffnet werden darf. Diese Briefe könnten wiederum Aufgaben oder unterhaltsame Randinformationen zur Konferenz enthalten. So bauen die Konferenzteilnehmenden trotz der virtuellen Distanz gemeinsam eine digitale Nähe auf, lösen zusammen Challenges und verbinden sich untereinander.

Überraschung per Post

TIPP 3: KONFERENZ-CHALLENGES VERANSTALTEN

Vielen Teilnehmenden einer Live-Online-Konferenz steht zu Beginn die Skepsis ins Gesicht geschrieben. Sie fragen sich, wie das üblicherweise entstehende Gemeinschaftsgefühl auf einer Konferenz nun online realisiert werden soll. Neben Diskussionsräumen, virtuellen Coffee Breaks und einem gemeinsamen Abendprogramm können Challenges während der Konferenz den nötigen Schuss Wirgefühl erzeugen. Zum Beispiel könnte in den Überraschungsboxen eine detaillierte Anleitung für einen gesunden (oder auch nicht so gesunden) Burger oder Smoothie enthalten sein, verbunden mit der Aufforderung, diesen in einer der Konferenzpausen tatsächlich zu braten und herzurichten bzw. zu schnippeln und zu verrühren. Die Ergebnisse, also der Burger oder Smoothie, können dann abfotografiert und hochgeladen werden. Im Anschluss stimmen alle Konferenzteilnehmenden ab, wer den am schmackhaftesten aussehenden Burger bzw. Smoothie kreiert hat.

Weitere Varianten wären eine parallele Liveschaltung aus einem virtuellen Konferenzraum, in dem ein Teilnehmender mit Kocherfahrung zeigt, wie ein Burger toll hergerichtet werden kann. Wer die absolute Profivariante umsetzen möchte, könnte sogar `Wirgefühl erzeugen` darüber nachdenken, die nötigen Zutaten für Burger oder Smoothie im Überraschungspaket zu verschicken. Durch solche Challenges schaffen Sie sowohl eine interaktive Tagung als auch ein gemeinsam gelebtes Wirgefühl.

TIPP 4: KONFERENZWEBSITE EINRICHTEN

Vielleicht kennen Sie das: Sie wollen an einer Live-Online-Konferenz teilnehmen und suchen in Ihrem Posteingang verzweifelt nach der aktuellen Agenda. Dieses Herumgesuche und die viele Fragerei während der Konferenz, welcher Programmpunkt nun ansteht und wo noch mal genau der Link zum virtuellen Meeting-Raum ist, können Sie umgehen, indem Sie ein zentrales Navigationsmedium schaffen: eine zentrale Tagungs- oder Konferenzwebsite.

Die Teilnehmenden würden also anstatt zehn aktualisierter PDF-Versionen der Agenda einmalig mit der Willkommens-E-Mail oder der Buchungsbestätigung des Tickets den Link zur Tagungswebsite bekommen. Auf dieser Website finden

Alle Unterlagen und Infos an einem Ort

sie neben Informationen zu den Vortragenden und technischen Tipps und Tricks vielleicht auch eine downloadbare Anleitung, wie sie am einfachsten an der Live-Online-Konferenz teilnehmen, samt des Konferenzprogramms und der jeweiligen Links zu den virtuellen Meeting-Räumen. So haben die Teilnehmenden jederzeit die Möglichkeit, über eine einzige Website zwischen den einzelnen Meeting-Räumen, dem Hauptraum, den Diskussionsräumen und anderen Bereichen hin und her zu wechseln. Dabei müssen sie nicht jedes Mal die Agenda raussuchen oder den passenden Meeting-Link finden. Jeder einzelne Raum ist mit nur einem Klick erreichbar.

Außerdem lässt sich die Konferenzwebsite wunderbar für Interaktionen mit den Teilnehmenden nutzen. Zum Beispiel könnten Sie dort einen eigenen Bereich schaffen für die Challenges, die Sie während der Tagung umsetzen wollen.

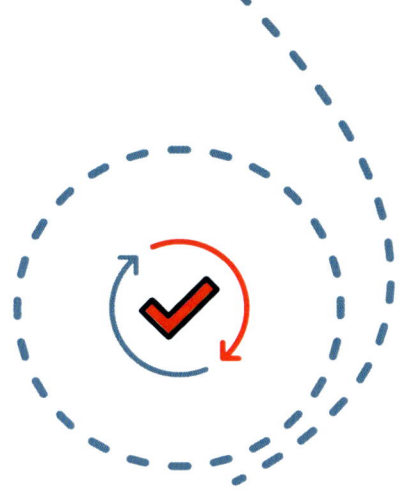

TIPP 5: TECHNIKCHECK MIT DEN TEILNEHMENDEN MACHEN

Damit die Live-Online-Konferenz sauber startet und vor allem direkt zu Beginn bei den Teilnehmenden ein positives Bild erzeugt wird, empfehlen wir definitiv die Durchführung eines Technikchecks.

Natürlich können Sie nicht mit jedem einzelnen der möglicherweise 500 Teilnehmenden einen individuellen Technikcheck machen. Sie haben aber verschiedene andere Möglichkeiten, diesen zu realisieren.

Variante 1:
Sie bieten an einigen Terminen vor der Konferenz den Teilnehmenden die Möglichkeit, sich in einen virtuellen Meeting-Raum einzuwählen und dort mit dem Supportteam zu überprüfen, ob die Einwahl klappt und Mikrofon sowie Webcam funktionieren.

Variante 2:
Sie bieten den Teilnehmenden einen ständig erreichbaren virtuellen Technikcheckraum, in den sie sich einwählen können, und vereinbaren dann, dass sich diejenigen, bei

`Virtueller Raum für den Technikcheck`

denen entweder die Einwahl oder das Mikrofon und die Webcam nicht funktioniert haben, sich per Telefon, E-Mail oder Chat beim Tagungssupport melden.

Hinweis: Sie sollten den Teilnehmenden nicht nur den Link zum Technikraum und eine kurze Erklärung zur Verfügung stellen, sondern auch eine gut illustrierte und einfach verständliche Technikanleitung, die sowohl die Einwahl in die Konferenzräume als auch eine kurze Erklärung für Mikrofon und Webcam enthält.

TIPP 6: WOW-ERLEBNIS AM ZWEITEN TAG IHRER LIVE-ONLINE-KONFERENZ SCHAFFEN

Lassen Sie Ihre Teilnehmenden auch am zweiten Tag (oder dritten oder vierten Tag) Ihrer Live-Online-Konferenz mit einem guten Gefühl in den Tag starten. Hierfür schneiden Sie einen kurzen Trailer oder einen Zusammenschnitt aus Screenshots und Fotos von den Vortragenden oder der Galerieansicht Ihres Virtual-Meeting-Tools zusammen. Diesen kleinen Film unterlegen Sie mit passender Musik und spielen ihn dann zu Beginn des zweiten (oder dritten oder vierten) Konferenztags ab. So entlocken Sie Ihren Teilnehmenden ein kleines Schmunzeln und liefern zugleich eine kurze Wiederholung der Inhalte und des Erlebten vom ersten Tag.

`Film ab!`

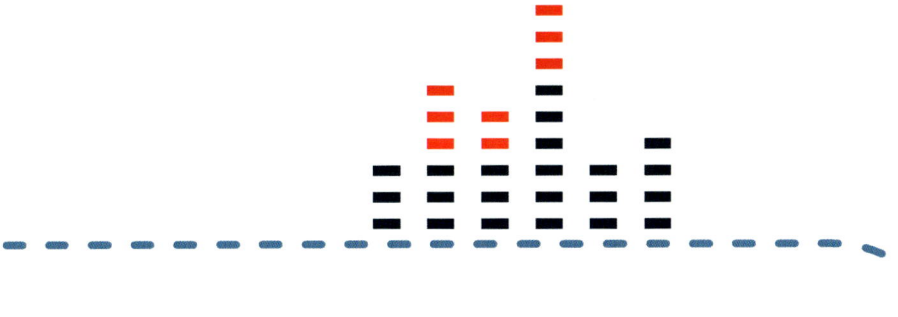

TIPP 7: FÜR PAUSENMUSIK UND COUNTDOWN SORGEN

Sicherlich erinnern Sie sich noch gut an die Pausen, die Sie während einer normalen Präsenzkonferenz erlebt haben. Was Ihnen unterbewusst vielleicht nicht unbedingt aufgefallen ist: Jede Pause wurde mit entsprechender Pausenmusik eingeleitet. Und sie hörten möglicherweise auch ein Piepen oder ein lautes Signal kurz vor Pausenende. Sorgen Sie auch online für diese kleinen, aber feinen Unterschiede, indem Sie zum Beispiel aus dem Studio, von dem Sie senden, Konferenzmusik und Pausenmusik einspielen. Zeigen Sie einen Countdown mit entsprechenden Signalen über Ihren Bildschirm, sodass dieser während der gesamten Pause auf dem Bildschirm der Teilnehmenden präsent ist. So gehen Sie sicher, dass Sie nicht einen Großteil der Teilnehmenden während der Pausen verlieren bzw. diese erst mit einigen Minuten Verspätung wieder am Konferenzablauf teilnehmen.

Albrecht- BOX

BIG, BIGGER, TONY ROBBINS

Ich kann mich noch gut daran erinnern, wie in den 90er-Jahren die Großveranstaltungen nach amerikanischem Vorbild in Deutschland Einzug hielten. Das war eine Revolution. Amerikanische Heilsbringer wie Tony Robbins traten europaweit auf und zeigten, dass man eine interaktive Veranstaltung mit Trainingscharakter mit 10.000 Teilnehmenden und mehr durchführen kann. Momentan ist das genauso. Die Top-Speakerinnen und -Speaker der Branche investieren Millionen in Live-Online-Events, die neue Maßstäbe setzen. Meine Empfehlung: Nehmen Sie an einer solchen Veranstaltung teil. Das Thema ist eigentlich fast unwichtig. Wenn Sie einmal bei Tony Robbins in einer virtuellen Großveranstaltung dabei waren, werden Sie über die Frage „Was ist online bei Events möglich?" anders denken.

BERUFSBILDER IM WANDEL:

DIGITAL

verkaufen,

führen,

trainieren

LIVE-ONLINE-KOMMUNIKATION VERÄNDERT, WIE WIR ARBEITEN

In der neuen Live-Online-Welt wandelt sich so manches Berufsbild dauerhaft. Ob es nun um Führungskräfte, Mitarbeitende oder Dienstleisterinnen und Dienstleister wie Consultants und Trainerinnen und Trainer geht.

Das Homeoffice ist aus unserer Arbeitswelt nicht mehr wegzudenken und wird für viele von uns, zumindest an einigen Tagen der Woche, zum Normalfall. Dementsprechend verändert sich die Arbeit von Führungskräften, sowohl in disziplinarischer und fachlicher Sicht, als auch beim Führen von Projekten. Digital Leadership heißt hier das Buzzword.

Digital Sales lautet ein weiteres Schlagwort. Der Vertrieb digitalisiert sich. Vertriebstermine finden immer häufiger zunächst remote statt. Warum sollte jemand durch die halbe Republik fahren, um ein erstes Gespräch mit einem potenziellen Kunden zu führen? Das passiert nur noch in Ausnahmen, ähnlich wie beim Recruiting.

Führen, Verkaufen, Trainieren wandelt sich

Online-Recruiting-Plattformen und -Tools, bei denen Bewerberinnen und Bewerber zum Beispiel ein Video hochladen, gibt es schon seit einigen Jahren – jetzt werden sie Standard, auch für den Mittelstand.

Blended Learning, also der Mix unterschiedlicher Lernformen aus Präsenzlernen und digitalen Lernformaten, ist jetzt endlich Realität. Durch Live-Online-Trainings lassen sich Learner Journeys deutlich leichter etablieren. Trainerinnen und Trainer, Coaches und die Personalentwicklung selbst müssen sich an diese neue Situation anpassen. Einige tun sich damit erkennbar schwer.

Das Gleiche gilt für die Beratung, auch sie kann in sehr vielen Fällen komplett remote erfolgen. Was sich alles verändern wird, ist jetzt noch nicht absehbar. Hier sind die Szenarien der Zukunftsforscherinnen und Zukunftsforscher und Trendexpertinnen und Trendexperten sehr divers. Da wir selbst aus der Lern- und Trainingsbranche kommen, erlauben wir uns, zu drei Berufsbildern eine etwas detailliertere Prognose abzugeben: zu Vertrieb, Führung und Training.

Digital Sales – die Zukunft des Verkaufens

Der neue Fokus auf Live-Online-Kommunikation betrifft auch Sales, also genau den Bereich, der für aktuelle und künftige Umsätze sorgt. Mittlerweile stellen viele eher klassische Sales-Organisationen fest, dass sie viele ihrer Vertriebstermine ins Netz verlagern müssen. Doch dafür ist die oder der einzelne Vertriebsmitarbeitende oft nicht wirklich gut ausgebildet. Die technische Infrastruktur schwächelt und die Marketing-materialien eignen sich kaum für die direkte Verwendung in Online-Terminen.

Es geht also darum, den gesamten Sales-Prozess anzupassen und umzustellen. Wir brauchen einen Digital-Only-Sales-Prozess.

Der Verkaufsprozess digitalisiert sich

Präsenztermine wird es auch in Zukunft geben. Aber man wird in vielen Branchen nicht mehr zum altbekannten Modell zurückkehren. Warum extra einen Präsenztermin veran-stalten, wenn potenzielle Kunden das jeweilige Unternehmen erst einmal digital gut kennenlernen können?

Dieses digitale Kennenlernen sollte aus mehr als nur den üblichen Präsentationen bestehen. Viele Sales-Mitarbeitende müssen lernen, wie sie auch in einem Live-Online-Meeting sympathisch, überzeugend, kompetent wirken und das eigene Produkt, die eigene Leistung professionell darstellen. Dazu gehört, die Sales-Termine interaktiv zu gestalten.

VOM PRODUKT- ZUM LÖSUNGSVERTRIEB

Wir haben in den letzten Jahren eine Entwicklung vom Produkt- zum Lösungsvertrieb erlebt. Termine, in denen irgendein Produkt einfach nur präsentiert wird, braucht fast niemand mehr. Heute kommt es darauf an, eine Lösung zu entwickeln, auf die der Kunde selbst nicht gekommen wäre. Dies funktioniert nur in Interaktion, in einer lebendigen Bestandsaufnahme mit gleichzeitiger erster Ideenentwicklung.

Alle Phasen des Prozesses bis auf den Rollout können auch komplett digital stattfinden.

Die spannende Frage lautet jetzt: Wie kann man das auch online tun? Die gute Nachricht: Es ist vollkommen möglich. Ähnlich wie in der Lernbranche, wo es nicht nur Webinare gibt, sondern mittlerweile auch Live-Online-Trainings, kann auch der Vertrieb lernen, Live-Online-Termine interaktiv zu gestalten und gezielt zu emotionalisieren, um dem Kunden ein positives Gefühl zu ermöglichen und gleichzeitig kompetent aufzutreten. Natürlich muss die Präsentation von eigenen Produkten und Leistungen dabei fachkundig, überzeugend und technisch einwandfrei erfolgen.

Kurzum, das Thema Digital Sales wird durch die aktuelle Krise einen rasanten Schub erleben. Die Unternehmen sind gut beraten, die Situation zu nutzen und den Außendienst, aber auch die Sales-Mitarbeitenden im Innendienst fit zu machen für die neue Zeit. Wer hier vorne dabei ist, hat einen eindeutigen Wettbewerbsvorteil.

DIE UNTERSCHIEDE ZWISCHEN DIGITAL SALES UND HERKÖMMLICHEM VERTRIEB

Üblicherweise sieht der Sales-Prozess wie folgt aus: Sie haben ein Lead zum Beispiel über eine Messe gewonnen, rufen den Kunden an und vereinbaren einen Termin. Vielleicht setzen Sie sich ins Auto oder in den Flieger, treffen Ihren Kunden, halten eine Präsentation, stellen Fragen. Dann fahren oder fliegen Sie wieder zurück und erstellen ein Angebot. Immerhin versenden Sie letzteres per E-Mail.

Nicht selten beginnt nun die Phase, in der Sie Ihrem Kunden hinterhertelefonieren. So kann das eine ganze Weile gehen. Sie telefonieren regelmäßig, vielleicht haben Sie einen zweiten Termin, in dem Sie ein konkretes Angebot

`Face-to-Face läuft jetzt live und online`

im Pitch vorstellen. Irgendwann gibt es eine Absage oder einen Abschluss. Das Ganze kann Monate dauern, je nachdem, in welcher Branche Sie tätig sind. Die Reiserei kostet natürlich jede Menge Geld und Zeit.

Bei Digital Sales entfällt das. Sie machen alles online und nutzen digitale Tools. Ihren Kunden begegnen Sie face to face, jedoch in einem Live-Online-Meeting. Statt normal zu telefonieren, machen Sie Videotelefonie. Die Terminvereinbarung erfolgt beinahe automatisch. Sie können so viele Ansprechpartnerinnen und Ansprechpartner bei dem Kunden unkompliziert einbinden, wie notwendig, egal an welchem Standort diese sind. Die Dokumentation Ihrer Face-to-Face-Meetings erfolgt von alleine. Klingt wie Zauberei, ist aber ganz einfach. Digital Sales macht es möglich.

Jannis-
BOX

MIT DIESEN TOOLS GELINGT DIGITAL SALES

Für die Lead-Generierung setzen Sie vielleicht schon Content Marketing mit Landing Pages (Leadpages, Unbounce, GetResponse) und E-Mail-Kampagnen (MailChimp, HubSpot, SendinBlue, GetResponse) ein. Hierzu gibt es Tools, die den kompletten Online-Marketingprozess automatisieren (Zapier, IFTTT, Automate.io, TexAu, HubSpot). Dadurch kommen Sie deutlich schneller zu Anfragen als früher und haben schon vor dem ersten Kontakt mit dem Kunden jede Menge Informationen (Apollo.io, Leadfeeder, Pipl, Clearbit, Lusha, RocketReach), für die Sie früher endlos recherchieren mussten.

Dank spezieller Tools (Pipl, Apollo.io, RocketReach) können Sie die Anfragen sofort qualifizieren, um zu entscheiden, ob sich ein Termin für ein Live-Online-Meeting lohnt oder nicht.

In der Softwarebranche sind Web-Demos ganz normal. Wahrscheinlich haben Sie schon an einer teilgenommen. Jetzt machen auch Sie eine Web-Demo, und zwar für Ihr Produkt. Zunächst stellen Sie viele Fragen, wie sich das im Verkauf gehört. Dann gibt es eine Dokumentation, vielleicht als Video. Sie erstellen ein erstes Angebot. Auch das können Sie mit einem Video emotionalisieren (Tipp: Nutzen Sie dafür den PowerPoint-Bildschirmaufzeichnung-Modus). Die Angebotsauslieferung geschieht nicht einfach per E-Mail. Sie bauen quasi ein digitales Auslieferungszentrum für Ihr Angebot, fast ohne Aufwand.

Die weiteren Termine vereinfachen Sie über teilweise kostenlose Tools (Calendly). Weitere Meetings im Sales-Prozess lassen sich unkompliziert als Live-Online-Meeting organisieren und durchführen.

Auf Einwände in Gesprächen oder Verhandlungen bereiten Sie sich sehr einfach vor und zaubern jederzeit die relevanten Materialien aus dem Hut (zum Beispiel auch mittels einer nicht linearen Präsentation). Die Vertragsgestaltung und sogar die Unterschrift erfolgen komplett digital (Adobe Sign). Für die Kundenbindung können Sie wieder auf Automatisierung mit vorbereiteten E-Mailings zurückgreifen.

Von Anfang bis Ende werden Sie durch ein professionelles CRM-System unterstützt. Und mal ehrlich: Schon jetzt setzen Sie jede Menge digitale Tools im Vertrieb ein. Die konsequente Umstellung auf Digital Sales ist also nur eine Erweiterung dessen, was Sie ohnehin schon tun.

Digital Sales Hacks für den Vertrieb

SCHÄTZEN SIE DIE DIGITALE FITNESS RICHTIG EIN

Wie fit sind Sie im Handling von Videokonferenzen? Wie gut beherrschen Sie Ihr CRM-System? Inwiefern nutzen Sie schon Apps für die Strukturierung Ihres Tages, die Dokumentation von Meetings und die Moderation von interaktiven Kundenterminen, die komplett online stattfinden?

Digital Sales erweitert das notwendige Skill-Set von Mitarbeitenden im Vertrieb. Viele Unternehmen haben noch sogenannte Telesales-Mitarbeitende, die in der Mehrzahl immer noch telefonieren. Das sollte sofort durch Videotelefonie und Virtual-Meeting-Tools nicht nur ergänzt, sondern ersetzt werden.

Machen Sie eine Bestandsaufnahme über die Nutzung **Fit genug für Digital Sales?** Ihrer Tools. Schätzen Sie Ihren eigenen digitalen Reifegrad ein und, wenn Sie Führungskraft sind, den Ihrer Mitarbeitenden. Definieren Sie, welche Tools Sie in der Zukunft wirklich nutzen wollen und wie hoch die Kompetenz für welche Rolle sein sollte. Und dann machen Sie sich und Ihre Organisation fit, zum Beispiel durch Trainings.

ÜBERWINDEN SIE HEMMUNGEN VOR LIVE-ONLINE-MEETINGS

Erstens: Nehmen Sie selbst als Teilnehmende oder Teilnehmender an so vielen Live-Online-Meetings wie möglich teil. Lassen Sie sich inspirieren. In vielen Fällen werden Sie feststellen, dass andere auch noch nicht besonders gut sind. Das hilft Ihrem Selbstbewusstsein. Es geht nicht um Perfektion, sondern um Authentizität. Fehler passieren auch den größten Profis. Es gibt immer wieder kleine technische Ruckeleien, das ist vollkommen normal.

Zweitens: Schauen Sie sich Online-Tutorials auf YouTube an. Auch da finden Sie gute und schlechte Beispiele. Aus diesen können Sie sehr viel lernen.

Drittens: Einfach machen. Eine andere Wahl haben Sie sowieso nicht. Also lieber heute als morgen beginnen. Die gute Nachricht: Ihren Gesprächspartnerinnen und -partnern auf der anderen Seite geht es genauso.

Live-Online-Meetings werden nicht mehr verschwinden. Sie haben also nur die Wahl, ob Sie sich verweigern wollen, bis man Sie zwingt, oder ob Sie die Chance ergreifen und schneller als andere ein echter Profi werden. Schneller als andere zu sein, das war im Vertrieb schon immer ein Erfolgsmerkmal.

BEREITEN SIE DIE DIGITALE INFRASTRUKTUR OPTIMAL VOR

Im Notfall reicht das Smartphone
In unseren Beratungsprojekten analysieren wir die Situation bei unseren Kunden, die Tools, die genutzt werden. Wir schalten einige redundante Kanäle ab und sorgen dafür, dass alle Mitarbeitenden mit den vorhandenen Tools professionell umgehen können. In größeren Betrieben ist meist schon viel Equipment vorhanden, das noch nicht optimal genutzt wird. Wenn Sie in einem kleineren Unternehmen arbeiten, müssen Sie diesen Prozess womöglich erst anstoßen. Letztlich brauchen Sie gar nicht viele neue Tools. Falls Sie Office-Programme der gängigen Hersteller nutzen, haben Sie vielleicht schon die Lizenzen für die Durchführung von Live-Online-Meetings.

Falls nicht, können Sie andere populäre Anbieter unkompliziert dazu buchen. Sie brauchen ein sehr gutes Headset, denn die Stimme ist in Live-Online-Meetings extrem wichtig. Wahrscheinlich nutzen Sie einen Laptop, möglicherweise zusätzlich ein Tablet und auf jeden Fall Ihr Smartphone. Sie sollten in der Lage sein, im Notfall auch mit Ihrem Smartphone ein komplettes Live-Online-Meeting zu gestalten.

BAUEN SIE DIGITAL EINE BEZIEHUNG AUF

Viele Live-Online-Meetings sind noch zu unpersönlich. `Das Eis brechen` Jemand präsentiert mehr schlecht als recht ein Dokument, der Interaktionsgrad ist gering. Das können Sie besser machen. Beim Live-Online-Meeting gilt alles, was in sonstigen Gesprächen und Meetings auch gilt. Sie brauchen einen Eisbrecher. Sie haben sich wie auf andere Gespräche gut vorbereitet und wissen, wen Sie treffen. Sie zeigen sich als Mensch und Vertreterin bzw. Vertreter Ihres Unternehmens. Sprechen Sie so, wie Sie sonst auch sprechen. Nutzen Sie die Kamera aktiv und stellen Sie Fragen. Verkaufen heißt fragen und zuhören. Das gilt online mindestens genauso wie in der realen Welt.

FÜHREN SIE LIVE-ONLINE-TERMINE PROFESSIONELL DURCH

Meeting ist Meeting. Schlecht vorbereitet, ohne klare Ziele und einen konkreten Plan verlaufen sie schlecht, in der virtuellen wie auch in der realen Welt. Wenn Sie ein Verkaufsprofi sind, werden Sie online genauso vorgehen wie für ein Präsenz-Meeting. Neu hinzugekommen ist die Pflege Ihrer technischen Infrastruktur und die Vorbereitung aller benötigten Dokumente. Sie sollten in jedem Fall in der Lage sein, einen Termin nichtlinear zu gestalten. Was ist damit gemeint? Langatmige lineare PowerPoint-Präsentationen braucht kein Mensch. Sie können auch in PowerPoint eine Präsentation so erstellen, dass Sie quasi wie aus einer App agieren können und nach Bedarf auf die aktuell relevanten Inhalte umschalten (Näheres dazu finden Sie im Kapitel „Online präsentieren"). Oder Sie bereiten mehrere kleine Dokumente und Präsentationen vor.

Es geht im Live-Online-Termin nicht ums Präsentieren, sondern um Gesprächsführung. Wenn Sie einen beratenden Verkaufsstil pflegen, was wir Ihnen dringend empfehlen, wechseln Sie zwischen unterschiedlichen Formaten hin und her. Sie werden vielleicht am Anfang eines Erstgesprächs kurz Ihr Unternehmen vorstellen. Dafür können Sie gerne auch ein paar Folien verwenden. Wichtig: Es sollten Live-Folien sein, keine Textfolien. Dann sollten Sie den interaktiven Part starten und viele Fragen zur Bestandsaufnahme und Bedarfsermittlung stellen. Hierbei können Sie ein Whiteboard-Tool nutzen. Wahrscheinlich ist in der Lösung, die Ihr Unternehmen einsetzt, schon ein solches Tool integriert. Im Idealfall treten Sie in einem Live-Online-Meeting zu zweit auf, sodass eine Kollegin oder ein Kollege die Dokumentation auf dem Whiteboard übernehmen kann.

WIRKEN SIE ONLINE PROFESSIONELL UND SYMPATHISCH

Die Beherrschung des Virtual-Meeting-Tools, die professionelle Vorbereitung aller Materialien, eine gute Einleitung und professionelle Strukturierung des Termins unterstreichen Ihre Professionalität. In Ihrem persönlichen Auftreten betonen Sie die Beziehungsebene und machen sich als Mensch erlebbar. Das ist gerade online besonders wichtig. In vielen Virtual-Meeting-Tools können Sie den Hintergrund **Überzeugen statt erzählen** ausblenden, indem Sie ihn weichzeichnen. Manche Tools bieten auch die Möglichkeit, den Hintergrund durch ein Bild bzw. eine Folie selbst zu gestalten und sogar während des Meetings zu wechseln. Wenn Sie diese Tools einsetzen und beherrschen, wirken Sie natürlich noch einmal professioneller. Und wenn Sie den richtigen Hintergrund auswählen, auch sympathischer.

Wenn Sie mit Bestandskunden zu tun haben, dürfen Sie natürlich deutlich offener sein. Hier würde die Verschleierung des Hintergrundes vielleicht eher distanzierend wirken.

Es kommt also darauf an, die Mittel des virtuellen Tools dem Beziehungsgrad anzupassen. Am Anfang geht es um Professionalität, dann zunehmend um persönliche Nähe. Sie merken, es zählen die gleichen Mechanismen wie in der realen Welt, sie werden nur an die Online-Welt adaptiert.

VEREINBAREN SIE SPIELREGELN MIT DEM KUNDEN

Sales-Profis schicken ihren Kunden vor einem Präsenz-Meeting eine E-Mail mit der Agenda. Im Meeting selbst wird noch einmal kurz geklärt: Bleiben wir bei diesem Ablauf? Wie gehen wir vor? Sind Zwischenfragen erlaubt? Oder werden die Fragen gesammelt und am Ende beantwortet. All das gilt genauso im Live-Online-Meeting.

Professionell wirkt, wenn Sie vor einem Live-Online-Meeting eine E-Mail mit dem Ablauf und den Spielregeln versenden. Sobald das Meeting startet, sollten Sie die Spielregeln zum Beispiel für den Chat noch einmal darstellen. Vielleicht haben Sie dazu auch eine Folie vorbereitet, die zeigt, wie die Spielregeln lauten. Wichtig: Fordern Sie von den Teilnehmenden die Zustimmung zu diesen Regeln ein.

FÜHREN SIE ONLINE-SALES-PITCHES OPTIMAL DURCH

Pitchen Sie nur, wenn es wirklich ein Pitch ist. Klingt komisch, ist aber sehr relevant. Viele Verkäufer verwechseln normale Gesprächstermine mit Präsentationsterminen. Da wird ein Erstgespräch, das eigentlich dem Kennen- lernen dient, plötzlich für eine langatmige Präsentation missbraucht. Das sollten Sie unbedingt unterlassen.

Sympathie gewinnt

Ansonsten gilt wie bei jedem Pitch: Nicht erzählen, sondern überzeugen. Ihre Folien sollten für einen Live-Termin geeignet sein. Das hat gar nichts mit Digital Sales selbst zu tun, ist hier aber noch wichtiger. Endlose Textfolien mit zwölf Zeilen in Schriftgröße zwölf braucht kein Mensch. Gehen Sie davon aus, dass Ihre Konkurrenz aber genau das tun wird.

Jetzt können Sie sich vom Wettbewerb absetzen, indem Sie zum Beispiel im Stehen präsentieren, ein Virtual-Meeting-Tool nutzen, bei dem Sie auch den Hintergrund selbst gestalten können, und möglichst schnell interaktiv werden durch Fragen.

Noch ein Tipp: Machen Sie einen Online-Pitch nicht alleine. Haben Sie mindestens eine Kollegin oder einen Kollegen dabei, die oder der Sie wirklich unterstützt, zum Beispiel beim Sammeln und Sortieren von Fragen.

Digital Leadership – besser führen in bewegten Zeiten

Die in diesem Buch gezeigten Live-Online-Veranstaltungsformate sind für alle Führungs-kräfte relevant. Es reicht für eine Führungskraft aber nicht, einfach nur diese Formate gut zu kennen und zu beherrschen. Die spannende Frage ist, wie Ihre Mitarbeitenden sie im Wechsel zwischen Remote-Arbeit und der Zusammenarbeit vor Ort meistern. Gute oder schlechte Führung zeigt sich online noch einmal stärker. Hier gilt wieder der bereits erwähnte Brennglaseffekt: Schlechte Führung wird in der virtuellen Zusammen-arbeit noch einmal deutlich sichtbarer und leider auch wirksamer. Schlechte Stimmung im Team macht sich ebenfalls noch stärker bemerkbar.

Immer wieder erleben wir, dass Führungskräfte in den Trainings zum Thema Remote Leadership oder Virtual Leadership danach fragen, wie sie ihre Mitarbeitenden kontrol-lieren können, wenn diese nicht mehr vor Ort präsent sind. Die Frage allein ist natürlich schon entlarvend, denn offensichtlich mangelt es hier an Vertrauen. Vermutlich war das Verhältnis zwischen Führungskraft und Mitarbeitenden ganz unabhängig vom Thema virtuelle Zusammenarbeit schon vorher schlecht.

„Vertrauen führt" hat Reinhard Sprenger, einer der bekanntesten Führungs- und Managementtrainer Deutschlands, 2002 eines seiner Bücher* genannt. Daran hat sich bis heute nichts geändert. Vertrauen ist gerade beim Thema Remote Work besonders wichtig. Studien zeigen, dass der Teamerfolg in der Remote-Zusammenarbeit noch stärker von gegenseitigem Vertrauen abhängt. Dabei steht das Verhältnis von Führungskraft und Mitarbeitenden an allererster Stelle.

Die Rolle von Führungskräften ändert sich in der digitalen Zusammenarbeit. Manche fordern schon, dass Führungs-kräfte jetzt eher wie Influencer agieren sollten. Das mag

Die Führungskraft als Influencer

eine extreme Sichtweise sein, aber klar scheint: Nun kommt es darauf an, auf den digitalen Kanälen souverän zu agieren. Doch gerade in Toppositionen gibt es noch E-Mail-Ausdrucker. In der Corona-Zeit konnte man so manches peinliche Video sehen, manchmal auch von Politikern, wie zum Beispiel dem tschechischen Ministerprä-sidenten, der seine Videobotschaften von einem mit Papieren überhäuften Schreibtisch gab. Deutlicher hätte er seine digitale Inkompetenz kaum unter Beweis stellen können.

Unsere Empfehlung, wenn Sie Führungskraft sind: Kümmern Sie sich zuallererst um Ihre digitale Fitness und delegieren Sie nicht alles an Ihre Assistenzkräfte, sofern Sie welche haben. Technologisch anschlussfähig zu bleiben, ist vor allem für ältere Führungs-kräfte eine Herausforderung. Dieser sollten Sie sich stellen, falls das auf Sie zutrifft. Bleiben Sie dabei authentisch und gehen Sie offen mit Ihren Lernfehlern um. Auf diese Weise können Sie ein positives Rollenmodell für viele sein, die ebenfalls einen Moderni-sierungsschub in Sachen Digitalisierung und virtueller Zusammenarbeit brauchen.

*Sprenger, Reinhard K., Vertrauen führt: Worauf es im Unternehmen wirklich ankommt, Campus, Frankfurt am Main, 2. Auflage 2002.

Digital Leadership Hacks für Führungskräfte

SEIEN SIE SICH IHRER NEUEN ROLLE BEWUSST

Virtuelle Führung ist spätestens seit 2020 kein Orchideenthema mehr, sondern eine Standardkompetenz für alle Führungskräfte. Das müssen Sie einfach beherrschen. Jammern hilft nicht. Aus dem häufig verwendeten Dreiklang „Mindset, Skillset, Toolset" folgt: Die Einstellung ist am wichtigsten. Seien Sie sich also Ihrer neuen Rolle bewusst. Die „neue Normalität" betrifft Führungskräfte in besonderem Maße. Je nachdem, zu welcher Generation Sie gehören, wie fit Sie selbst digital sind, wie Sie bisher gearbeitet haben, wie lange Sie schon Führungskraft sind, wird das Thema Digital Leadership für Sie eine andere Bedeutung haben. Klar ist: Ihre neue Identität als Führungskraft ist hybrid. Sie sind in beiden Welten unterwegs und werden dementsprechend auch unterschiedlich erlebt.

Hybride Führung ist angesagt Wenn Sie einen extrem kurzen Draht zu Ihren Leuten haben, gerne nah dran sind, hier und da einen Plausch halten, dann müssen Sie sich überlegen, wie Sie das digital weiterführen. Es ist relativ wahrscheinlich, dass Sie für die Ausübung Ihrer bewährten Rolle in der digitalen Welt erst einmal mehr Zeit einplanen müssen. Digital Leadership will gelernt sein.

TRETEN SIE ONLINE SYMPATHISCH UND PROFESSIONELL AUF

Kommen Sie morgens mit zerknitterten Klamotten und ungewaschen ins Büro? Ist Ihr Büro so chaotisch, dass Sie auf dem Schreibtisch kaum noch Ihre Tastatur wiederfinden? Mit Sicherheit nicht. Sie achten auf Ihren Auftritt. Genauso verhält es sich auch mit Ihrem Auftreten in virtuellen Meetings und Gesprächen mit Ihren Mitarbeitenden. Den missgelaunten Chef oder die Chefin mit Kräuselstirn in der Abstellkammer wollen Ihre Mitarbeitenden nicht sehen, sondern genau die Führungskraft, die sie sich auch live im

Büro wünschen. Das heißt, eher gut gelaunt, bestens ausgeleuchtet, passend angezogen, mit dem entsprechenden Hintergrund.

Es gibt ja eine Debatte um die Frage, ob Führungskräfte ein Vorbild sein sollten. Unsere Meinung: Führungskräfte sind immer Vorbild. Das heißt, dass Ihre Mitarbeitenden die Vorgaben für das Auftreten in Live-Online-Meetings natürlich an Ihrem Auftreten messen.

KLÄREN SIE DIE ERWARTUNGEN AN SIE

Wissen Sie, wie Ihre Mitarbeitenden remote oder digital geführt werden wollen? Möglicherweise haben Sie gar nicht gefragt. Dann sollten Sie das nachholen. Menschen sind unterschiedlich. Die einen freuen sich, wenn Sie ab und zu bei einem Live-Online-Meeting auftauchen, um ein Eins-zu-eins-Gespräch zu führen. Andere empfinden das eher als übergriffig. Reife Führungskräfte entwickeln reife Mitarbeitende unter anderem durch die Frage: Wie möchtest Du geführt werden? Das gilt auch online.

PLANEN SIE MEHR ZEIT FÜR EINS-ZU-EINS-GESPRÄCHE EIN

Wie viel Zeit verwenden Sie insgesamt für die Führung Ihrer Mitarbeitenden? Bitte seien Sie ehrlich. Operative Meetings zu Projekten zählen leider nicht zur Führung. Die meisten Führungskräfte sind sehr stark operativ eingebunden, in Online-Zeiten sogar noch mehr. Viele kommen nicht auf mehr als 10 bis 20 Prozent reine Zeit für Führung.

So viel Zeit muss sein

Für Führung im digitalen Zeitalter sollten Sie mehr Zeit einplanen, insbesondere für Eins-zu-eins-Gespräche. Wenn Ihre Führungsspanne es zulässt, also die Anzahl Ihrer Mitarbeitenden, die Sie direkt führen, sollten Sie im Idealfall jede Woche ein paar Minuten mit jedem Einzelnen sprechen. Sprechen heißt nicht, dass Sie immer ein Live-Online-Meeting haben müssen. Im Zweifelsfall reicht auch ein Telefonat. Klar ist: Sie müssen mit jedem wirklich sprechen, mindestens in einem zweiwöchigen Turnus. Diese Zeit sollten Sie fest einplanen, sonst finden die Gespräche nie statt.

CHECKEN SIE DIE KOMPETENZEN
IN IHREM TEAM UND FÜHREN SIE SITUATIV

Wahrscheinlich kennen Sie das Modell des situativen Führens. Für dieses verwendet man eine Skill-Matrix mit zwei Achsen. Die Y-Achse beschreibt das Thema der eigenen Motivation, bezogen auf eine bestimmte Aufgabe, und die X-Achse die Fähigkeiten, bezogen auf diese Aufgabe. Je nach Kombination ergibt sich ein empfohlener Führungsstil. Die Idee „Ich führe jeden gleich" ist schon lange überholt. Das hat nichts mit real oder digital zu tun. Das Thema Remote Work ist eine neue Kompetenz. Genau darauf können Sie das Modell jetzt anwenden, um dann zu entscheiden, welche Mitarbeitenden, bezogen auf die neue Situation von Homeoffice bzw. Remote Work, welche Art der Führung benötigen.

Remote Work als neue Kompetenz

Klar ist: Ohne Coaching-Ausbildung und -Unterstützung wird es nicht funktionieren. In den meisten Unternehmen in Deutschland arbeiten drei oder vier Generationen zusammen. Gerade beim Thema Remote Work haben nachvollziehbar die älteren Generationen eher eine Baustelle. Die müssen Sie fit machen und unterstützen. Aber denken Sie dran: Wenn Sie diejenigen, die gut mithalten können, immer weiter mit Projekten überfrachten, treiben Sie diese geschätzten Mitarbeitenden direkt in den Burnout. Nehmen Sie sich also Zeit und analysieren Sie Ihr Team – auch für die neue Situation Remote Work.

KÜMMERN SIE SICH UM DIE EINSAMEN UND ARBEITSWÜTIGEN

Wenn Sie die Skill-Matrix aus Empfehlung 5 anwenden, werden Sie vielleicht feststellen: Es gibt ein paar Leute in Ihrem Team, die mit Remote Work super klarkommen. Aber das könnte auch gefährlich werden, Stichwort Burnout. Und es gibt einige andere, die besonders leiden, weil sie den persönlichen Kontakt zu Kolleginnen und Kollegen brauchen. Um diese Mitarbeitenden müssen Sie sich besonders kümmern. Für eine vertiefte Analyse der Persönlichkeiten helfen Ihnen Modelle wie DISG oder Insights weiter.

ÜBERPRÜFEN SIE DIE KOMMUNIKATIONSKANÄLE UND TOOLS

Sie haben Teams eingeführt. Einige Mitarbeitende nutzen
aber immer noch Slack. Vielleicht gibt es sogar geheime
WhatsApp-Channels. Überprüfen Sie am besten in einem gemeinsamen Meeting mit
Ihrem Team, welche digitalen Kommunikationskanäle in der Vergangenheit genutzt
wurden, welche jetzt neu hinzugekommen sind und welche möglicherweise abgeschaltet
werden sollten. Oft wird der letztere Punkt vergessen. Dann haben Sie redundante
Kommunikation.

`Redundanz vermeiden`

Digital bedeutet nicht automatisch effizient, sondern manchmal genau das Gegenteil.
Deshalb ist es notwendig, die Kommunikationskanäle und die eingesetzten Tools einer
strengen Revision zu unterziehen und gemeinsam festzulegen, nach welchen Regeln
mit welchen Tools kommuniziert werden sollte.

VEREINBAREN SIE KOMMUNIKATIONSSPIELREGELN

Bei den Spielregeln geht es nicht nur um die Nutzung von Tools, sondern zum Beispiel
auch um die Frage, ob die Kamera immer eingeschaltet sein sollte. Unsere Empfehlung:
eindeutig ja. Mindestens bei eigenen Wortbeiträgen und am Anfang und Ende des
Meetings. Nicht vergessen: Was Sie nicht richtig vereinbart haben, kann auch nicht
eingefordert werden. Insofern ist das Vereinbaren von Spielregeln für die Kommunikation
in der Online-Welt besonders wichtig.

SORGEN SIE FÜR EINE ZENTRALE DOKUMENTENABLAGE

Kollaboratives Arbeiten klingt sexy. Tools wie Teams werden schnell eingeführt. Aber
wenn man keine klaren Spielregeln vereinbart hat, liegen Dokumente plötzlich in einem
Chat, an den man schlimmstenfalls nicht mehr herankommt. Oder in einer Cloud, zu
der nicht alle Zugang haben. Insofern sollte geklärt werden, wo genau Dokumente
abgelegt werden und wie Sie gemeinsam an diesen Dokumenten arbeiten.

SEIEN SIE VORSICHTIG BEI SCHRIFTLICHER KOMMUNIKATION

In der Remote-Arbeit spielt schriftliche Kommunikation eine größere Rolle als je zuvor. Wir geben uns manchmal ohne Absicht Feedback. Beispiel: Eine Trainerin möchte ein Kundengespräch vereinbaren und schreibt in der E-Mail dazu, dass das letzte Training ja leider nicht so gut gelaufen sei, und deshalb würde sie gerne telefonieren. Der Hinweis, das letzte Training sei nicht so gut gelaufen, ist möglicherweise schon ein Fehler. Besser hätte sie nur geschrieben: Danke für das Training, lass uns einen Termin vereinbaren, um das Training auszuwerten.

Remote-Feedback hat es in sich

Schriftliche Kommunikation hat ein extrem hohes Interpretationspotenzial und damit auch Konfliktpotenzial. Es gibt mittlerweile auch Tipps für das Thema Remote-Feedback. Aber jeder, der sich intensiv mit dem Thema Kommunikation beschäftigt hat, weiß, dass schriftliche Kommunikation immer missverständlich ist. Das bedeutet für Sie: Aktionistische Posts und E-Mails sind für Sie als Führungskraft tabu.

GEBEN SIE VIEL FEEDBACK UND HOLEN SIE ES GEZIELT EIN

Rückkoppelung ist das A und O der Kommunikation. Das gilt natürlich auch online. Das gute alte Jahresgespräch mag immer noch wichtig sein, um die Arbeit der Mitarbeitenden und die Zusammenarbeit gründlich zu reflektieren, Vereinbarungen zu treffen etc. In der täglichen Arbeit hingegen zählt permanentes Feedback, und bei Remote Work umso mehr. Geben Sie nicht nur Feedback, sondern auch Feedforward. Das heißt: Rückmeldung mit konkreten Wünschen in kürzeren Zeitabschnitten.

Vor allen Dingen sollten Sie sich Feedback von Ihrem Team holen. Machen Sie einen guten Job als Digital Leader und in der Remote-Arbeit? Wer nicht fragt, der nicht gewinnt.

FÜHREN SIE EIN DAILY EIN

Wenn in Ihrem Unternehmen schon agil gearbeitet wird, kennen Sie das sogenannte Daily-Stand-up. Falls Sie es noch nicht kennen, sollten Sie es jetzt digital einführen. Die Grundidee dieser guten Routine, die ursprünglich aus einer agilen Projektmanagement-Methode namens Scrum kommt, besteht darin, in einer Projektgruppe täglich ein kurzes Meeting von maximal 15 Minuten Dauer abzuhalten.

> Täglicher Status, kurz und knackig

Jeder aus dem Team sagt kurz, woran er gerade arbeitet. Häufig geschieht dies in Kombination mit einem weiteren Tool, dem sogenannten Kanban Board. Diese Methode stammt von Toyota aus dem Jahre 1947 und betraf ursprünglich die Lagerhaltung. In der modernen Arbeitswelt ist damit meistens gemeint, dass man die Aufgaben nach Status sortiert: welche werden gerade bearbeitet, welche stehen noch an, bei welchen ist man im Verzug? Das Ganze wird visuell dargestellt, entweder physisch an einem Whiteboard, dem Kanban Board, mit Moderationskarten oder Post-its. Oder eben digital, zum Beispiel mit einem Tool wie Trello.

Wenn Sie bisher noch nicht so gearbeitet haben, weil Sie nicht aus der IT sind, sollten Sie zumindest das tägliche Daily einführen: Gut moderiert, am besten mit einem digitalen Kanban Board. Mögliche Fragen: Was hast du gestern gemacht? Was willst du heute tun? Und was behindert dich gerade in deiner aktuellen Arbeit? Die Fragen können Sie natürlich anpassen. Entscheidend ist, dass Sie morgens ein rituelles Meeting von kurzer Dauer abhalten, in dem jede und jeder sagt, was sie oder er gerade tut. Dies sorgt für Transparenz und einen positiven Kollateralnutzen. Alle sehen sich und jeder weiß, was der andere macht.

FÜHREN SIE REGELMÄSSIG RETROSPEKTIVEN DURCH

Unsere Zeit wird immer schnelllebiger. Alle halbe Jahre einen Workshop durchzuführen, um zu fragen, was läuft gerade gut und was nicht, reicht heute nicht mehr. Ein hilfreiches Tool, ebenfalls aus der agilen Arbeitswelt, ist hierbei die sogenannte Retrospektive. Erklärt sich fast von selbst. Mindestens einmal im Monat, im Idealfall wöchentlich, sollten Sie sich fragen: Passt das eigentlich, was wir gerade tun? Was läuft gut, was läuft schlecht? Womit sollten wir aufhören, was sollten wir weiterführen, und wer hat eine neue Idee? Genauso sieht die klassische Retrospektive aus.

SCHAFFEN SIE RAUM FÜR INFORMELLE KOMMUNIKATION

Erinnern Sie sich noch? Am Anfang der Corona-Zeit war es weit verbreitet, dass Menschen in den sozialen Kanälen Bilder ihrer informellen Live-Online-Meetings posteten. Gemeinsames Kaffeetrinken, Mittagessen, Feierabendbierchen – alles online. Nach einigen Monaten wurden nicht nur die Bilder auf Facebook und Instagram seltener. Auch in den Unternehmen wurden diese Meetings nicht mehr durchgeführt. Sehr schade. Fördern Sie das Netzwerken und den informellen Austausch auch online. Wie Sie das machen, bleibt Ihrer und der Kreativität Ihrer Mitarbeitenden überlassen. Wichtig ist, dass Sie informelle Kommunikation als Notwendigkeit beachten und passende Formate dafür schaffen.

ACHTEN SIE AUF IHRE RESSOURCEN

Remote-Arbeit ist fordernd. Dummerweise hat es sich im Jahr 2020 eingeschlichen, dass viele die guten alten Regeln des Zeitmanagements komplett missachten. Live-Online-Meetings werden so eingerichtet, dass eines direkt nach dem anderen folgt. Die komische Formulierung „Ich habe einen harten Anschlag und muss jetzt raus" kennen Sie vielleicht. Ziemlich absurd, nicht nur die Formulierung, die eher nach einem terroristischen Anschlag klingt, als auch die Praxis als solche. Sie sollten zwischen jedem Meeting ein paar Minuten Pause haben. Alles als gleichermaßen wichtig und dringlich zu erachten, ist ein Fehler. Schon seit langen Jahren lehrt uns ja die Eisenhower-Methode: Man muss Prioritäten setzen.

Pausen müssen sein

Sie als Führungskraft sollten auf Ihre Ressourcen achten. Jeden Tag acht oder mehr Stunden ohne Pause zu arbeiten, ist ungesund. In Krisenzeiten mag das angemessen sein, aber ein Dauerzustand darf es nicht werden. Insofern sorgen Sie nicht nur für Ihre Mitarbeitenden, sondern auch für sich selbst.

Digitales Lernen – die Trainingsbranche im Umbruch

Traurig, aber wahr: Die Zahl der Trainer und Trainerinnen, die auf Live-Online-Formate gut vorbereitet sind, ist verschwindend gering. Inzwischen gibt es eine Vielzahl von Zusatzausbildungen, und wie immer ist es schwer, die Spreu vom Weizen zu trennen. Nicht jede gute Präsenz-Trainerin und jeder gute Präsenz-Trainer ist automatisch eine gute Live-Online-Trainerin oder ein guter Live-Online-Trainer. Die Planung und Durchführung von Live-Online-Trainings ist eine neue Kompetenz und für alle Verant-wortlichen, egal ob es um fachliche Inhalte oder Verhaltenstrainings geht, ein kritischer Erfolgsfaktor.

Online-Trainings-kompetenz gesucht Viele Unternehmen stellen fest, dass ihre aktuellen Trainings-dienstleisterinnen und Trainingsdienstleister online nicht wirklich gut performen. Doch der Wechsel zu Anbietern, die eine hohe Online-Kompetenz, aber zu geringe Trainingskompetenz haben, macht nicht wirklich glücklich. Gefragt ist wieder einmal die eierlegende Wollmilchsau, die natürlich unmöglich zu finden ist. Was zählt, ist der richtige Mix der erforderlichen Kompetenzen, verbunden mit der passenden Einstellung in Sachen Digitalisierung. Gefordert sind hier sowohl Trainerinnen und Trainer als auch die Unternehmen.

Sieben Zukunftsthesen für Trainerinnen und Trainer

BLENDED LEARNING WIRD GELEBTER STANDARD

Blended Learning steckte in Deutschland in den letzten Jahren noch in den Kinder-schuhen. Zwar gibt es in allen Großunternehmen schon seit Langem Lernplattformen, und auch der Mittelstand hat beim Thema digitales Lernen aufgerüstet. Doch in vielen Unternehmen waren das immer nur Projekte und damit keine gelebte Praxis oder gar ein Standard. Es mangelte sehr häufig am Bindeglied zwischen den Präsenz-Trainings und den digitalen Zusatzangeboten. Genau diese Lücke wird jetzt geschlossen. Der Wechsel aus einem Live-Online-Training zu einem bereits vorhandenen digitalen Zusatz-angebot auf der Lernplattform ist deutlich einfacher. Manchmal genügt schon ein Posting im Chat, um die Mitarbeitenden für ein Web Based Training oder Learning Nuggets in Form von Videos zu begeistern.

Die Aufgabe lautet: Learner Journeys bauen und den richtigen Mix aus Selbstlernen, Lernen in der Gruppe, synchron und asynchron, finden und je nach Projekt optimal gestalten. Live-Online-Trainings, Live-Online-Seminare, Live-Online-Workshops oder Live-Online-Vorträge sind hier eine sinnvolle digitale Erweiterung des bisherigen Präsenzangebots. Auf diese Weise kann Blended Learning endlich ein gelebter Standard werden.

Für die fragmentierte Trainingsbranche bedeutet dies eine radikale Veränderung. Traine-rinnen und Trainer müssen sich innerhalb der vielfältigen digitalen Lernangebote als sinnvolle Akteure erweisen. Hier wird es nicht reichen, sich auf die eigene fachliche Kompetenz oder die langjährige Erfahrung als Präsenz-Trainerin oder -Trainer zu berufen. Es geht darum, sich als einen Teil im Mix der Lernformate zu behaupten. Wer keinen inhaltlichen Expertinnen- oder Expertenstatus hat, ist gut beraten, sich als Lernbegleiterin oder Lernbegleiter, Lernfördererin oder Lernförderer und Mittlerin oder Mittler zwischen Präsenz- und Online-Welt zu positio-nieren. Dies erfordert, beide Live-Welten zu beherrschen.

Zwischen Präsenz und online vermitteln

NEUE GESCHÄFTSMODELLE MÜSSEN HER

Im ersten Schritt geht es darum, Inhalte digital zur Verfügung zu stellen. Das ist eher klassisches E-Learning. Gleichzeitig sind alle dabei, Live-Online-Formate zu etablieren. Aber die einzelne Trainerin bzw. der einzelne Trainer stellt fest, dass das schnell in die Überforderung führt. Bisher haben Sie Tagessätze vereinbart. Plötzlich wird dieser Tag gesplittet. Zusätzlicher Support durch eine technische Moderation ist erforderlich. Dieser ist aber nicht Bestandteil der Rahmenverträge.

Überforderung des Einzelnen droht Gleichzeitig gewöhnen sich Kunden und Teilnehmende daran, Online-Inhalte bei anderen Anbietern zu konsumieren, teils sogar kostenlos. Hier sind komplett neue Modelle gefragt. Das Denken in Trainingstagen gehört der Vergangenheit an. Wir brauchen neue Lösungen.

DIE TRAININGSBRANCHE ERLEBT EINE DISRUPTION

Aktuell findet eine Disruption der gesamten Branche und ihrer Geschäftsmodelle statt. Ein Profistatus im Internet ist etwas anderes als ein Expertinnen- oder Expertenstatus im klassischen Trainings- und Beratungsgeschäft. Neue Plattformen wie Gedanken-tanken (jetzt Greator) oder CoachHub greifen die klassischen Trainings- und Coaching-angebote an. Modelle wie Semigator waren vor zehn Jahren noch Randerscheinungen. Jetzt ist die Zeit reif für solche Lösungen.

Das Angebot ist für die einkaufenden Unternehmen transparenter. Blended-Learning-Angebote verlangen nach Lösungen, die eine Einzeltrainerin bzw. ein Einzeltrainer nicht mehr liefern kann. Die Bereitschaft, hohe Preise für Inhalte und Leistungen zu zahlen, die aus Sicht der Auftraggeber zunehmend Commodity sind, schwindet.

Im Online-Bereich sind Kompetenzen im Handling und der Steuerung von Gruppen weniger relevant. Neue Profis tauchen auf, die aus Sicht der alten Profis keine echten Profis sind. Das stört die Kunden aber nicht. Microsoft wird immer mehr zum Lernunter-nehmen und baut aus LinkedIn, LinkedIn Learning und SlideShare ein eigenes Ökosystem rund um das Thema Kompetenzentwicklung. Das ist erst der Anfang. Kunden fragen zunehmend nach Playlists von E-Learnings und Online-Kursen von LinkedIn Learning und Udemy als Ergänzung zu eingekauften Präsenz-Trainings. Spezifische E-Learnings wollen sie gar nicht erst haben.

DIE INTERNATIONALISIERUNG BESCHLEUNIGT SICH

Die Internationalisierung der Branche schreitet schneller als erwartet voran. Das ist Risiko und Chance zugleich. Der Markt für ein Live-Online-Training ist praktisch die ganze Welt. Viele Mitarbeitende haben in der Corona-Zeit angefangen, selbst nach neuen Angeboten zu suchen und landeten schnell auf internationalen Seiten wie TED oder großen MOOC-Plattformen wie Coursera. `Do you speak ...?`

Indes werden die automatischen Übersetzungen durch Google und andere Anbieter immer besser. Die Scheu, englischsprachige Anbieter zu nutzen, sinkt dadurch. Zudem gibt es keine großen E-Learning-Plattformen aus Deutschland. Wer nur in deutscher Sprache arbeitet, hat bei international tätigen Unternehmen als Anbieter kaum noch eine Chance.

GROSSE PLAYER GEWINNEN

In Deutschland gibt es im Bereich der offenen Trainings einen Platzhirsch. Dieser hat in den letzten Jahren viel Geld in die Entwicklung eigener Lösungen investiert, auch im Bereich E-Learning, Social Learning etc. Da sich diese Angebote an den Mittelstand richten, bedroht dies Beraterinnen und Berater sowie Trainerinnen und Trainer, die genau für diese Unternehmen arbeiten. Es wird immer mehr KMU und größere Mittelständlerinnen und Mittelständler geben, die mit einem solchen Komplettanbieter zusammenarbeiten wollen – zu Lasten der selbständigen Trainerinnen und Trainer, die sich teilweise auf eine Zusammenarbeit mit großen Anbietern einlassen, zu deutlich niedrigeren Honoraren. Die Einzeltrainerin, der Einzeltrainer hat kaum die Ressourcen, bei ausbleibenden Einnahmen im Kerngeschäft Präsenz-Training in neue digitale Lösungen zu investieren. Das alles nutzt den großen Anbietern.

EIN GENERATIONENWECHSEL STEHT AN

Viele der Tausende von Trainerinnen und Trainer in Deutschland sind Digital Immigrants. Ihnen fällt es schwer, sich an die neuen digitalen Geschäftsmodelle anzupassen und diese zu verstehen. Ein glaubwürdiger Umstieg in das neue Digitalgeschäft wird Ihnen kaum gelingen. Für die Themen Agilität und Digital Sales kaufen die Unternehmen lieber jemand ein, der auch altersmäßig zum Thema und der Zielgruppe passt.

Der Umstieg wird schwierig

Auf Kundenseite wird es vor allem bei Großunternehmen einen umfangreichen Personalabbau geben. Das bedeutet, die alten Ansprechpartnerinnen und Ansprechpartner aus der 50plus-Gruppe verschwinden früher als gedacht. Die jungen Entscheiderinnen und Entscheider arbeiten lieber mit jüngeren Trainerinnen und Trainern zusammen als mit ergrauten Fachgrößen, die sie an ihre eigenen Eltern erinnern. Wer über 50 ist, braucht eine gute Nischenstrategie.

JOBPROFILE IN L&D ÄNDERN SICH RADIKAL

Kaum zu glauben, Digital Learning Growth Hacker ist inzwischen eine Jobbeschreibung. Die Personalentwicklung und auch andere Bereiche, die bisher Trainings und Coaching eingekauft haben, waren oft wenig innovativ und digital inkompetent. Das ändert sich gerade.

Die Überforderung der handelnden Akteure zeigt sich bei der Digitalisierung sehr deutlich. Die Einführung eines Tools wie Microsoft Teams erfordert IT-Kompetenz. Die klassische PE hat diese meist nicht. Hier kommt es zu einem vollkommen neuen Anforderungsprofil für die betreffenden Abteilungen und die Mitarbeitenden.

KOMMUNIZIEREN WIRD ...
NICHT GERADE EINFACHER

Wenn unser Leben in den virtuellen Raum wandert, stellt sich die Frage: Was bedeutet das für die zwischenmenschliche Kommunikation?

Live goes online – das gilt für die gesamte Kommunikation im Unternehmen. Bis Corona hatten Sie vielleicht ein oder zwei Kolleginnen oder Kollegen, die ab und zu im Homeoffice waren, plötzlich sind Sie selbst und alle anderen auch im Homeoffice. Oder Sie sind im Homeoffice und Ihre Mitarbeitenden vielleicht gerade nicht. Das alles verändert die Kommunikation natürlich, in vielen Fällen wird sie komplexer, auf jeden Fall neu und ungewohnt.

KONFLIKT GOES ONLINE

Die Möglichkeiten, sich misszuverstehen, steigen exponentiell. Es gibt vielfältige und ungewöhnliche Konstellationen, die wir uns vor Corona nicht hätten vorstellen können. Ich kenne zum Beispiel Führungskräfte, die gezwungen sind, im Homeoffice zu bleiben, während ihre Mitarbeitenden, die in einem Labor arbeiten, weiterhin vor Ort sind. Eine dieser Führungskräfte ist gerade erst gestartet und konnte die Mitarbeitenden bislang nur virtuell kennenlernen. Ihr Team arbeitet seit Jahren zusammen. Als junge Führungskraft, die halb so alt ist wie einige der Teammitglieder, hielt sie eine virtuelle Antrittsrede vor dem Team. Das wäre früher surreal gewesen, heute erscheint es normal.

Live goes online bedeutet im Unternehmenskontext, dass alle kommunikativen Situationen, die wir aus der Vor-Corona-Welt kennen, plötzlich komplett virtuell, remote, digital online erfolgen. Wie wir es auch nennen, Kommunikation wird durch die komplette Virtualisierung nicht einfacher, sondern komplexer. Unser Gehirn ist uralt und hat seit 40.000 Jahren, manche sagen seit 100.000 Jahren, kein Update erhalten. Es ist gemacht für Situationen wie: Haue ich ab oder kämpfe ich, gehe ich in die Höhle rein oder lieber nicht? Plötzlich soll es nicht nur zwischen unterschiedlichen Kommunikationskanälen wie Slack, Teams, WhatsApp, Zoom, Mail, Yammer usw. differenzieren. Sondern auch anhand eines Threads erkennen, wo sich ein Konflikt zwischen zwei Mitarbeitenden anbahnt, und proaktiv agieren. Das Ganze virtuell, ohne Gelegenheit, beim Mittagessen in der Kantine oder beim Plausch an der Kaffeemaschine, Dinge informell anzusprechen. Zu behaupten, das wäre alles unkompliziert, wäre komplett untertrieben.

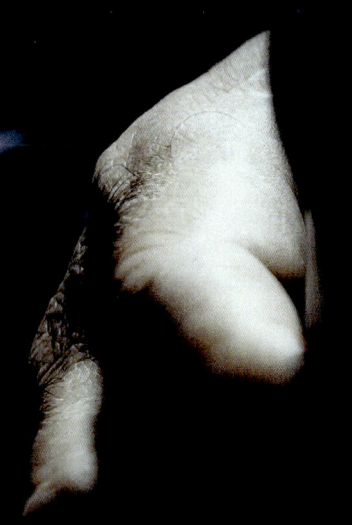

LIVE WIRD NOCH

virtueller

JEDER FORTSCHRITT BRAUCHT SEINE ZEIT

Bis aus einer technischen Erfindung eine Standardanwendung für uns alle wird, dauert es meistens eine ganze Weile. Die ersten Autotelefone hießen aus gutem Grund so, denn man brauchte ein Auto, um sie zu transportieren. Wirklich praktisch und massentauglich wurde das Mobiltelefon erst Mitte der 1990er-Jahre. Ungefähr zur gleichen Zeit wurde die Internettelefonie, auch Voice over IP genannt, erfunden.

Mit Skype wurde IP-Telefonie ein Massenphänomen, meist aber noch privat genutzt. Nach und nach wurde nicht nur bei Skype, sondern auch bei anderen Kommunikations-Tools die IP-Telefonie erst mit Desktop Sharing, dann auch mit Video kombiniert. Bis vor einigen Jahren war das Thema Videokonferenz im Unternehmenskontext jedoch nur eine Spezialanwendung, teilweise ausschließlich hochrangigen Führungskräften vorbehalten, die dann in speziellen Video Conferencing Rooms mit anderen Standorten konferierten. Das Ganze war ziemlich teuer und aufwendig. Im Jahr 2011 übernahm dann Microsoft Skype. Es dauerte bis zum Jahr 2015, bis Skype in Outlook integriert war – und weitere Jahre, bis es ein Standard wurde. Durch die Corona-Krise sind Videokonferenzen zu einer täglichen Routine für fast alle Unternehmen geworden. Live-Online-Kommunikation ist nun eine Standardkompetenz.

Videokonferenzen sind tägliche Routine

In diesem Buch haben wir Ihnen einen Überblick gegeben, wie Sie in den unterschied-lichen Live-Online-Veranstaltungsformaten selbst professionell auftreten bzw. wie Sie diese Formate vorbereiten und durchführen. Die Technologie entwickelt sich gerade rasend schnell, deshalb haben wir einen Großteil der technischen Details in unseren Blog zum Buch ausgelagert. Denn während wir diesen Text schreiben, sitzen überall auf der Welt Cracks an ihren Rechnern und arbeiten an neuen Features.

WHAT'S NEXT?

Die nächste große technische Veränderung im Bereich Live-Kommunikation wird das Thema Augmented und Virtual Reality sein. Die Technik existiert bereits, aber auch sie wird wahrscheinlich noch ein paar Jahre brauchen, um in die Massenanwendungen im Businesskontext integriert zu werden. In nicht allzu ferner Zeit werden wir VR-Brillen oder sogar VR-Kontaktlinsen tragen, und die Live-Online-Kommunikation

VR-Brillen werden zum Standard

wird sich noch mehr der physischen Kommunikation im realen Raum annähern. Dann spielen Elemente wie Körpersprache auch virtuell eine noch größere Rolle als schon jetzt. Bis dahin werden wir alle weiter an unseren Skills arbeiten, um in der Live-Online-Kommunikation immer besser zu werden.

Der Corona-Effekt wird sich in vielen historischen Rückblicken wiederfinden und auch für die Veränderung der Kommunikationsgewohnheiten eine wichtige Wegmarke darstellen. Inzwischen muss man gut begründen, warum eine Veranstaltung außerhalb eines Gebäudes, in dem die teilnehmenden Personen sowieso zusammenarbeiten, als Präsenzformat stattfinden muss. Aus Effizienzgründen wird ein Großteil unserer Businesskommunikation und der entsprechenden Veranstaltungsformate live und online stattfinden. Sich wirklich physisch zu treffen, ist dann quasi das Sahnehäubchen. Der zusätzliche Aufwand in Zeit und Kosten muss gut begründet werden. Ob das stets sinnvoll ist, darüber lässt sich trefflich diskutieren. Greta Thunberg wird sich freuen, dass wir nicht mehr so viel fliegen. Wer etwas tiefer in die Energiebilanz des Cloud Computings eintaucht, sieht dies wahrscheinlich etwas differenzierter.

Wir hoffen, dass dieses Buch Ihnen nützliche Tipps und konkrete Hilfen für Ihr Live-Online-Leben in Ihrem Berufsfeld geliefert hat. Wir werden unseren Blog zum Buch weiter aktuell halten und laden Sie natürlich ein, mit uns online und live online zu kommunizieren.

a.kresse@edutrainment.com

j.herzog@edutrainment.com

Epilog

WIE GEHT ES WEITER?

Sie erinnern sich vielleicht an Albrechts Geschichte von der über Hundertjährigen, die ihm erzählte, wie die Installation eines Telefons im Büro ihres Vaters in der gesamten Stadt für Aufsehen sorgte. Während sie das erzählte, hielt sie ein Mobiltelefon in der Hand. Es war nicht das neueste Modell, kein Smartphone. Sie beschwerte sich sogar, dass ihre Enkel und Urenkel viel zu viel mit dem Smartphone kommunizieren, dauernd auf den Bildschirm schauen würden, während sie sich mit ihnen träfe. Am nächsten Tag wollte Sie übrigens eine Konferenz besuchen zum Thema Umweltschutz und Ökologie.

Albrecht ist mit Telefon mit Wählscheibe aufgewachsen. Jannis kennt aus seiner frühen Kindheit noch ein stationäres Telefon mit Tasten, das aber auch mobil funktionierte. Er ist ein Smart Native, während Albrecht ein digitaler Immigrant ist. Wir fragen uns nun, wie wir in 20 bis 30 Jahren auf die heutige Zeit zurückblicken werden – damals, als Live-Online-Kommunikation der neue Standard wurde.

Albrecht Kresse ist Gründer und Geschäftsführer der edutrainment company in Berlin. Wenn er nicht gerade innovative Lernlösungen für internationale Konzerne und mittelständische Unternehmen realisiert, ist er als Speaker, Trainer, Experte und visueller Zusammenfasser im Einsatz. Neben „Live Goes Online" hat er ein umfassendes Werk über die edutrainment-Methode sowie Bücher zu Psychologie und Humor veröffentlicht. Seit rund 20 Jahren ist er als kreativer Geist in der Trainingsbranche und L&D-Community unterwegs, stets auf der Suche nach dem ultimativen Lerndesign, sei es analog oder digital.

Um ehrlich zu sein, echte Quellen haben wir nicht verwendet. Es gab schlicht keine. Viele Bücher zu einigen Bereichen des Themas sind nicht mehr aktuell. Insofern können wir hier keine schriftlichen Quellen angeben. Wir wollen aber Danke sagen. Natürlich an alle, die uns in den letzten Monaten unterstützt haben, die Kolleginnen und Kollegen, die hier auch zum Teil erwähnt wurden, Torsten für die Text-Redaktion und der besten Grafikern von allen, Verena Lorenz. Und insbesondere möchten wir dem Mann danken, der uns bei dem Setup unsers Studios in Berlin eine unverzichtbare Hilfe war und ist: Danke lieber Lukas! Du bist großartig!

Jannis Herzog ist bekennender Tool-Junkie und Technikenthusiast. Schon während der Schulzeit machte er seine Leidenschaft zum Beruf. Zunächst arbeitete er freiberuflich, bis er dann vor vier Jahren in das Familienunternehmen einstieg. Mittlerweile verantwortet er als Gesellschafter und Geschäftsführer nicht nur große wie kleine Projekte, sondern ist auch als selbsternannter Tech-Guru des Unternehmens den neuesten Trends in Sachen Tools und Technik auf der Spur. Dieses Know-how und die Erfahrungen aus einer Vielzahl an branchenübergreifenden Projekten vereint er in diesem Buch.

Impressum

© 2020 edutrainment company
Titel: **Live Goes Online.** *Meetings, Präsentationen, Seminare online erfolgreich durchführen*
Erste Auflage

Verfasser: Albrecht Kresse, Jannis Herzog
Verlag: edutrainment company GmbH
Redaktionelle Mitarbeit: Torsten Schölzel, Berlin
Druck: wirmachendruck
Lektorat: Daniela Bühl, Grafing
Umschlaggestaltung, Layout und Satz: Verena Lorenz, München

ISBN:

Print	ISBN: 978-3-00-066795-4
EPUB	ISBN: 978-3-00-067021-3
Mobi oder KF8	ISBN: 978-3-00-067022-0
PDF	ISBN: 978-3-00-067062-6

Bibliografische Information der Deutschen Nationalbibliothek: Die Deutsche National-bibliothek verzeichnet diese Publikation in der Deutschen Nationalbibliografie; detail-lierte bibliografische Daten sind im Internet über http://dnb.d-nb.de abrufbar.

Bildnachweis: Cover: pixelfit (grosses Bild), shapecharge (Mann mit Brille), fizkes (Frau mit gestreifter Bluse); U4: zakokor (Wolkenbild); alle Illustrationen von Albrecht und Jannis Stephan Baumgarten
Inhalt: Rost-9D S. 7; Kim Zoe Spix S. 7, 122, 126, 132, 136, 144, 147, 225; Denis_prof S. 10; gremlin S. 13, 45, 67, 72; Mr_Twister S. 18; Marina Khromova S. 26; Roi and Roi (Headset) S. 28; fizkes (oben) S. 32; Valeriy_G (mitte) S. 32; chee Jannis Herzog (unten) S. 32; Tempura (unten) S. 33; fizkes (oben) S. 33; Hiraman (Mitte) S. 33; nensuria S. 35; Hirama S. 39; zakokor S. 40; corradobarattaphotos S. 42; Sandra M S. 47; RyanJLane S. 53; Rocky89 S. 67; BrianAJackson S. 68; sbayra mS. 73; tanuStockPhoto S. 78; funnybank (stadion) S. 79; 123rf.com melpomen S. 80; LightFieldStudios S. 84; Rocky89 S. 88; Artur Didyk S. 91; annie-claude (Füsse verletzt) S. 93; AllegressePhotography (s/w Foto links) S. 93; miljko (s/w Foto Mitte) S. 93; Vagengeym_Elena (s/w Foto rechts) S. 93; AvigatorPhotographer S. 106; Kenishirotie S. 107; RapidEye S. 108; RapidEye S. 109; sbayram S. 109; Nick Paschalis S. 114; blackCAT S. 119; lapandr S. 148; acilo S. 151; YinYang S. 152; piovesempre S. 160; Customdesigner S. 171; fotolia S. 175; MicroStockHub S. 180; metamorworks S. 188; blackred S. 191; Jay Yuno S. 200; alexandersikov S. 209; D-Keine S. 216; alexey_boldin (smartphone) S. 218; EduLeite (alte Telefone) S. 218; D-Keine (Mann mit VR-Brille) S. 218.